UNION INTERNATIONALE DES SCIENCES PRÉHISTORIQUES ET PROTOHISTORIQUES
INTERNATIONAL UNION FOR PREHISTORIC AND PROTOHISTORIC SCIENCES

PROCEEDINGS OF THE XV WORLD CONGRESS (LISBON, 4-9 SEPTEMBER 2006)
ACTES DU XV CONGRÈS MONDIAL (LISBONNE, 4-9 SEPTEMBRE 2006)

Series Editor: Luiz Oosterbeek

VOL. 39

Session WS15

Technological Analysis on Quartzite Exploitation

Études technologiques sur l'exploitation du quartzite

Edited by

Stefano Grimaldi
Sara Cura

BAR International Series 1998
2009

Published in 2016 by
BAR Publishing, Oxford

BAR International Series 1998

Proceedings of the XV World Congress of the International Union for Prehistoric and Protohistoric Sciences / Actes du XV Congrès Mondial de l'Union Internationale des Sciences Préhistoriques et Protohistoriques
Technological Analysis on Quartzite Exploitation / Études technologiques sur l'exploitation du quartzite

ISBN 978 1 4073 0532 5

© UISPP / IUPPS and the editors and contributors severally and the Publisher 2009

Outgoing President: Vítor Oliveira Jorge; Outgoing Secretary General: Jean Bourgeois
Congress Secretary General: Luiz Oosterbeek (Series Editor)
Incoming President: Pedro Ignacio Shmitz; Incoming Secretary General: Luiz Oosterbeek
Volume Editors: Stefano Grimaldi and Sara Cura

Signed papers are the responsibility of their authors alone.
Les texts signés sont de la seule responsabilité de ses auteurs.
Contacts : Secretary of U.I.S.P.P. – International Union for Prehistoric and Protohistoric Sciences
Instituto Politécnico de Tomar, Av. Dr. Cândido Madureira 13, 2300 TOMAR
Email: uispp@ipt.pt   www.uispp.ipt.pt

The authors' moral rights under the 1988 UK Copyright,
Designs and Patents Act are hereby expressly asserted.

All rights reserved. No part of this work may be copied, reproduced, stored,
sold, distributed, scanned, saved in any form of digital format or transmitted
in any form digitally, without the written permission of the Publisher.

BAR Publishing is the trading name of British Archaeological Reports (Oxford) Ltd.
British Archaeological Reports was first incorporated in 1974 to publish the BAR
Series, International and British. In 1992 Hadrian Books Ltd became part of the BAR
group. This volume was originally published by Archaeopress in conjunction with
British Archaeological Reports (Oxford) Ltd / Hadrian Books Ltd, the Series principal
publisher, in 2009. This present volume is published by BAR Publishing, 2016.

Printed in England

BAR titles are available from:

BAR Publishing
122 Banbury Rd, Oxford, OX2 7BP, UK
EMAIL   info@barpublishing.com
PHONE   +44 (0)1865 310431
FAX   +44 (0)1865 316916
www.barpublishing.com

TABLE OF CONTENTS

Introduction 1

Quartzite et quartzites: aspects pétrographiques, économiques et technologiques
    des matériaux majoritaires du Paléolithique ancien et moyen du Sud-Ouest
    de la France 3
David Colonge and Vincent Mourre

Quartz et quartzite dans les niveaux d'occupation OIS 7 et 5 du site de Payre
    (Sud-est, France): fonction spécifique et complémentaire? 13
Marie-Hélène Moncel, Arturo de Lombre Hermida and Deniaux Brigitte

L'utilisation du quartzite dans l'industrie moustérienne de Zabrani
    (Banat,Roumanie) 25
*Alain Tuffreau, Vasile Boroneant, Emilie Goval, Adina Boroneant, Adrian Dobos,
Bertrand Lefevre and Gabi Popescu*

The exploitation of quartzite in layer 5 (Mousterian) of Scladina Cave
    (Wallonia, Belgium): Flexibility and dynamics of concepts of debitage
    in the Middle Palaeolithic 33
Kevin Di Modica and Dominique Bonjean

Bečov I, A-III-6 – Middle Palaeolithic quartzite assemblage from Central Europe 43
Andrzej Wísniewski

The quartzite exploitation in a middle pleistocene open air site:
    Ribeira da Ponte da Pedra (Central Portugal) 49
Sara Cura and Stefano Grimaldi

LIST OF FIGURES

Fig. 1.1. Cartographie schématique des principales matières premières lithiques du Sud-Ouest de la France sur fond géologique simplifié 5

Fig. 1.2. Cartographie simplifiée des grands types de quartzites et modélisations des aspects techno-économiques de leurs exploitations au sein des différents sites retenus 10

Fig. 2.1. Champ Opératoire du débitage du quartz. 1: stratégie unipolaire; 2: multifacial et orthogonal; 3: Centripète; 4: bifacial orthogonal; 5: discoïde; 6: multifacial/trifacial. Les flèches indiquent les séquences possibles du débitage 16

Fig. 2.2. Chaîne opératoire du quartz (exemple de l'ensemble D), nucléus à une surface de débitage préférentielle et nucléus de type discoïde, éclat à dos, éclat à base large et tranchant distal, pointes 17

Fig. 2.3. Chaîne opératoire qu quartzite (exemple du niveau Ga), grand éclat cortical avec retouches distales, pièce nucléïforme (biface brisé, nucléus?), biface 19

Fig. 2.4. Photos MEB à micro-échelle (x40) des secteurs portant des traces d'écrasement identifiables à macro-échelle: micro-traces d'utilisation sur a) un éclat en quartzite du niveau Gb, et b) une pointe en quartz du niveau Ga 20

Fig. 3.1. Zabrani: A – carte de la Roumanie B – localisation de la fouille; C – profil stratigraphique 26

Fig. 3.2. Zabrani. Niveau A: silex sauf 5 (phtanite) et 8 (jaspe) 28

Fig. 3.3 – Zabrani: Niveau A – 1 à 6 et 9. B – 7 et 8. Quartz-2, 3, 5, 6 et 9. Silex – 1, 4, 5. Jaspe – 8 29

Fig. 4.1. Localization of Scladina Cave and others Middle Palaeolithic sites where quartzite has been used. 1. Trou du Diable; 2. Trou du Sureau; 3. Trou Magrite; 4. Goyet Caves; 5. Scladina Cave; 6. Trou Al'Wesse; 7. Sainte Walburge Palaeolithic site; 8. Bay Bonnet Caves. Are also represented Sambre and Meuse Rivers and Cretaceous outcrops from Belgium 34

Fig. 4.2 – Schematic representation of quartzite exploitation in layer five of Scladina Cave. The successions of different concepts of debitage on the same block lead us to speak about filiations and ruptures between theses concepts. For example, it is easy to pass progressively from unipolar debitage in slice to unifacial centripetal debitage, but there is a radical change in the treatment applied to the nucleus when the knapper pass to Quina debitage on two perpendicular surfaces 39

Fig. 5.1. Quartzite core with refitted flakes and representations of the two main flake types 44

Fig. 5.2. Example of quartzite unidirectional core with refitted flake 46

Fig. 6.1. Localisation of the Ribeira da Atalaia site among the main middle pleistocenic sites in the portuguese Tagus Valley 50

Fig. 6.2. Stratigraphical sequence of Ribeira da Atalaia archaeological site 50

Fig. 6.3. Lithic implements of Ribeira daPonte da Pedra from the Q3 bottom terrace 51

LIST OF TABLES

Tab. 2.1. Fréquence des différents types de roche dans la séquence archéologique de Payre 15

Tab. 2.2. Catégories d'artefacts en quartz et quartzite dans les différents niveaux d'occupation de Payre 15

Tab. 2.3. Types d'outils en quartz et quartzite dans les différents niveaux d'occupation de Payre 18

Tab. 3.1. Zabrani: décompte général des séries lithiques par niveaux 27

Tab. 3.2. Zabrani: décompte des outils par niveaux 30

Tab. 3.3. Zabrani: type de matière première 31

Tab. 3.4. Zabrani: variabilité de l'outillage en fonction de la matière première selon les niveaux archéologiques Z, A et B 31

Tab. 6.1. General assemblage composition 52

Tab. 6.2. Raw Material texture 52

Tab. 6.3. Raw material patina/alteration degree and iron concretions frequencies 53

Tab. 6.4. Worked pebbles and cores 53

Tab. 6.5. Flakes 53

Tab. 6.6. "Retouched" implements frequencies 54

Tab. 6.7. Metrical relations between worked pebbles and cores 54

Tab. 6.8. Metrical relations between flakes 55

INTRODUCTION

Quartzite was frequently knapped by prehistoric human groups in several Pleistocene and Holocene sites. Sometimes, it represents the only raw material exploited in a site/region. Nevertheless scholars usually consider quartzite as an alternative raw material for prehistoric lithic production when "better quality" rocks (i.e. flint) are available in a given geographical area.

In this workshop we dealt with aspects that involve technology discussing the adaptative implications on lithic industries made from quartzite and its variability.

QUARTZITE ET QUARTZITES: ASPECTS PETROGRAPHIQUES, ECONOMIQUES ET TECHNOLOGIQUES DES MATERIAUX MAJORITAIRES DU PALEOLITHIQUE ANCIEN ET MOYEN DU SUD-OUEST DE LA FRANCE

David COLONGE

INRAP Grand Sud Ouest et Unité Toulousaine d'Archéologie et d'Histoire / UMR 5608 TRACES UTAH, Dardenne, 46300 Le Vigan (France), Email: david.colonge@wanadoo.fr

Vincent MOURRE

Unité Toulousaine d'Archéologie et d'Histoire / UMR 5608 TRACES UTAH, Les Hauts Arthèmes, 84560 Ménerbes (France), Email: vincent.mourre@wanadoo.fr

Abstract: The southwest of France is framed by two important mountains massifs, the Central Massif and the Pyrenees. Its erosion resulted in enormous quantities of rough fraction, easily accessible on the detritic formations and floodplains. These deposits were raw material sources massively exploited by prehistoric craftsmen during Lower and Middle Palaeolithic, mainly searching for quartzite. Within this unique category are included groups of rocks with different petrography's and mechanic properties. Moreover, beyond the intrinsic characteristics, the same rock can be available in the shape of blocs or pebbles with specific constraints and qualities. Actually, inside an apparent monotony of several lithic assemblages, we can identify a varied raw material economy and circulation, for example, in the Acheulean of the Pyrenees and the Tarn bassin, as well as in the Pyrenees Mousterian. In fact different reduction sequences are adapted to the nature and morphology of the different available or transported blocs of the same raw material.
Key words: Quartzite, petrography, economy, technology, Palaeolithic

Résumé: Le Sud-Ouest de la France est encadré par deux importants massifs montagneux, le Massif Central et les Pyrénées. Leur érosion a fourni d'énormes quantités de fraction grossière facilement accessible dans les formations détritiques et alluviales qui en sont issues. Ces dépôts ont constitué des sources de matières premières massivement mises à profit par les artisans du Paléolithique ancien et moyen, en premier lieu pour les quartzites. Sous ce terme unique sont en fait rassemblées des familles de matériaux aux caractéristiques pétrographiques et mécaniques diverses: les domaines liés aux Pyrénées ou au Massif Central en sont les deux principales. De plus, au-delà des différences intrinsèques, un même matériaux peut être disponible sous la forme de blocs ou galets aux qualités et contraintes propres. Ainsi, dans une apparente monotonie de nombreuses séries lithiques, des circulations et économies de matières premières ont pu être mises en évidence dans l'Acheuléen pyrénéen ou tarnais, le moustérien pyrénéen, par exemples. Ainsi, selon la nature et la morphologie des différents blocs disponibles ou transportés, des chaînes opératoires sont adaptées à ces paramètres de ce qui reste une même matière première.
Mots Clé: Quartzite, pétrographie, économie, technologie, Paléolithique

Resumo: O sudoeste da França é delimitado por dois importantes maciços montanhosos, o Maciço Central e os Pirinéus. A sua erosão resultou em enormes quantidades de fracções rochosas, facilmente acessíveis nas formações detríticas e planície aluvionais. Nestes depósitos a matéria-prima foi intensivamente explorada pelos artesãos pré-históricos durante o Paleolítico Médio e Inferior, procurando sobretudo quartzito. Dentro desta categoria, no entanto, estão incluídos grupos de rochas com distintas petrografias e propriedades mecânicas. Para além das características intrínsecas, a mesma rocha pode estar disponível na forma de blocos ou seixos com constrangimentos e qualidades específicas. Na realidade, dentro da aparente monotonia de vários conjuntos líticos, podemos identificar diferentes economias e circulações da matéria-prima. Tal verifica-se, por exemplo, no Acheulense Pirenaico e da bacia do Tarn, bem como no Musteriense pirenaico. As diferentes cadeias operatórias, se bem que aplicadas à mesma matéria-prima, adaptam-se à natureza e morfologia dos diferentes blocos disponíveis ou transportados
Palavras-chave: Quartzito, petrografia, economia, tecnologia, Paleolítico

INTRODUCTION

D'un point de vue pétrographique, les quartzites sont des roches siliceuses compactes constituées de cristaux de quartz intimement soudés. L'observation en lames minces permet parfois de distinguer des orthoquartzites d'origine sédimentaire, et des métaquartzites d'origine métamorphique (Foucault et Raoult, 1992). Cette discrimination est rarement développée par les préhistoriens qui peuvent également employer des terminologies plus modernes comme quartzarénites ou arénites quartzeuses. Les quartzites ne sont très majoritairement mentionnés dans la littérature que sous une dénomination générique, au singulier, quand ils ne sont pas tout simplement élués ou relégués avec d'autres roches au simple statut de "galet", forme sous laquelle ils sont effectivement le plus couramment accessibles. Cette terminologie s'inscrit dans la tradition de notre discipline où le silex est roi, renvoyant les autres matières premières lithiques courantes au rang de "matériaux médiocres", dont l'utilisation est forcément secondaire et expédiente.

Les quartzites sont cependant excessivement répandus et utilisés dans le Sud-Ouest de la France durant le Paléolithique ancien et moyen. Leur exploitation peut être exclusive, dominante ou minoritaire, mais la plupart du temps en première intention selon des chaînes opératoires plus ou moins spécifiques et complexes. Cette adaptation tient compte non seulement des propriétés mécaniques "du" matériau mais aussi "des" matériaux. En effet, les quartzites sont nombreux et variés dans l'espace géographique considéré, avec des particularités propres aux grandes familles présentes.

L'exploitation de ces roches présente une forte variabilité, de l'Acheuléen classique au Moustérien final, des contreforts des Pyrénées jusqu'aux plateaux du Limousin. Elle témoigne de la diversité des stratégies d'approvisionnement, des concepts mis en œuvre et des économies des matières premières que nous illustrerons par quelques exemples emblématiques pour étayer l'idée selon laquelle parler "du" quartzite est aussi réducteur que parler "du" silex.

CONTEXTE GÉOGRAPHIQUE ET GÉOLOGIQUE

Le cadre géographique choisi pour la présente contribution s'inscrit dans le Sud-Ouest de la France, encadré par le Massif central et les Pyrénées est structuré principalement par les bassins versants de la Garonne et de l'Adour ainsi que, plus marginalement, celui de l'Aude, la plaine du Roussillon au sud et la région de Limoges au nord.

Les gisements du Paléolithique ancien et moyen y sont excessivement nombreux, essentiellement en plein air dans les principaux couloirs alluviaux, mais également en contextes karstiques, plutôt dans la partie nord.

Les matières premières mises à profit pour la réalisation des industries qu'ils ont livré sont dominées par trois principaux groupes: les quartzites, les quartz et les silex. D'autres roches sont bien sûr employées (lydiennes, cornéennes, basaltes, microgranites, etc.) mais ne jouent que des rôles anecdotiques, ou au mieux secondaires dans certains sites.

Les quartzites proviennent principalement des Pyrénées et des formations détritiques qui en sont issues, s'étendant largement dans tout le sud du bassin aquitain jusqu'à la "diagonale garonnaise". Ils sont également répandus dans les dépôts provenant de l'érosion du Massif central et sur ses contreforts, dans la partie est de la zone considérée. Ils sont très majoritairement disponibles sous forme de galets, mais également de blocs en position secondaire proche sur les plateaux cristallins orientaux.

Les quartz, présents dans les Pyrénées mais de manière assez discrète sauf à l'est, sont essentiellement liés au domaine du Massif central (Mourre, 1996). Ils se présentent également le plus souvent en galets, disponibles dans les alluvions quaternaires et tertiaires, mais sont aussi abondants dans les milieux cristallins sous forme de blocs angulaires démantelés des filons qui parcourent ces massifs du socle.

Le silex enfin est évidemment généralisé dans les régions calcaires, dont tout le nord du bassin et en particulier bien sûr le Périgord (*cf. notamment* Turq, 2000). D'autres zones plus localisées ne doivent pas être oubliées: la Chalosse (Bon *et al.* 1996), les zones de flyschs pré-pyrénéens (Barragué *et al.* 2001), les Petites Pyrénées (Simonnet, 1999), les Corbières, le Minervois et le Verdier.

La répartition géographique que nous venons d'évoquer dessine de grandes provinces de matières premières dominantes (Fig. 1.1), déjà évoquées par J. Jaubert et Ch. Servelle (1996).

Les industries lithiques des gisements du Paléolithique ancien et moyen reflètent cette géographie, avec des spectres pétrographiques qui se corrèlent aux ressources dominantes de leur environnement. Certaines exceptions ne permettent cependant pas de généraliser ce tableau trop schématique. Pour les sites les plus récents en particulier, des circulations de silex détonnent dans des contextes où ils ne sont que peu ou pas présents.

Schématiquement, une grande moitié sud est dévolue au quartzite, un quart nord-est au quartz et un quart nord-ouest au silex.

QUARTZITE ET QUARTZITES

Après avoir constaté la prédominance de l'emploi du quartzite dans le Sud-Ouest de la France durant les périodes anciennes du Paléolithique, il convient de souligner que cette détermination générale reste réductrice et masque d'importantes différences.

Tout d'abord, dans la région considérée il existe deux grands types de quartzites selon qu'ils proviennent du Massif central ou des Pyrénées.

Les premiers se déclinent généralement en teintes chaudes, du blanc cassé au caramel, avec des grains de quartz translucides à opaques à ciment plus ou moins opaque, blanc à jaune. Leurs propriétés mécaniques sont assez proches de celles des quartz, avec cependant des fractures plus conchoïdales et une meilleure cohésion générale qui limitent les cassures spontanées.

Les seconds sont issus des auréoles de métamorphisme de la chaîne axiale des Pyrénées. Si leur variabilité est importante, ils présentent néanmoins plusieurs points communs: les grains de quartz sont relativement grossiers et opaques et le ciment siliceux est de teinte froide sombre, vert profond à gris foncé, la majorité se trouvant dans des tons bleus gris. Il existe des variétés à texture très fine et d'autre très comparables à leurs homologues

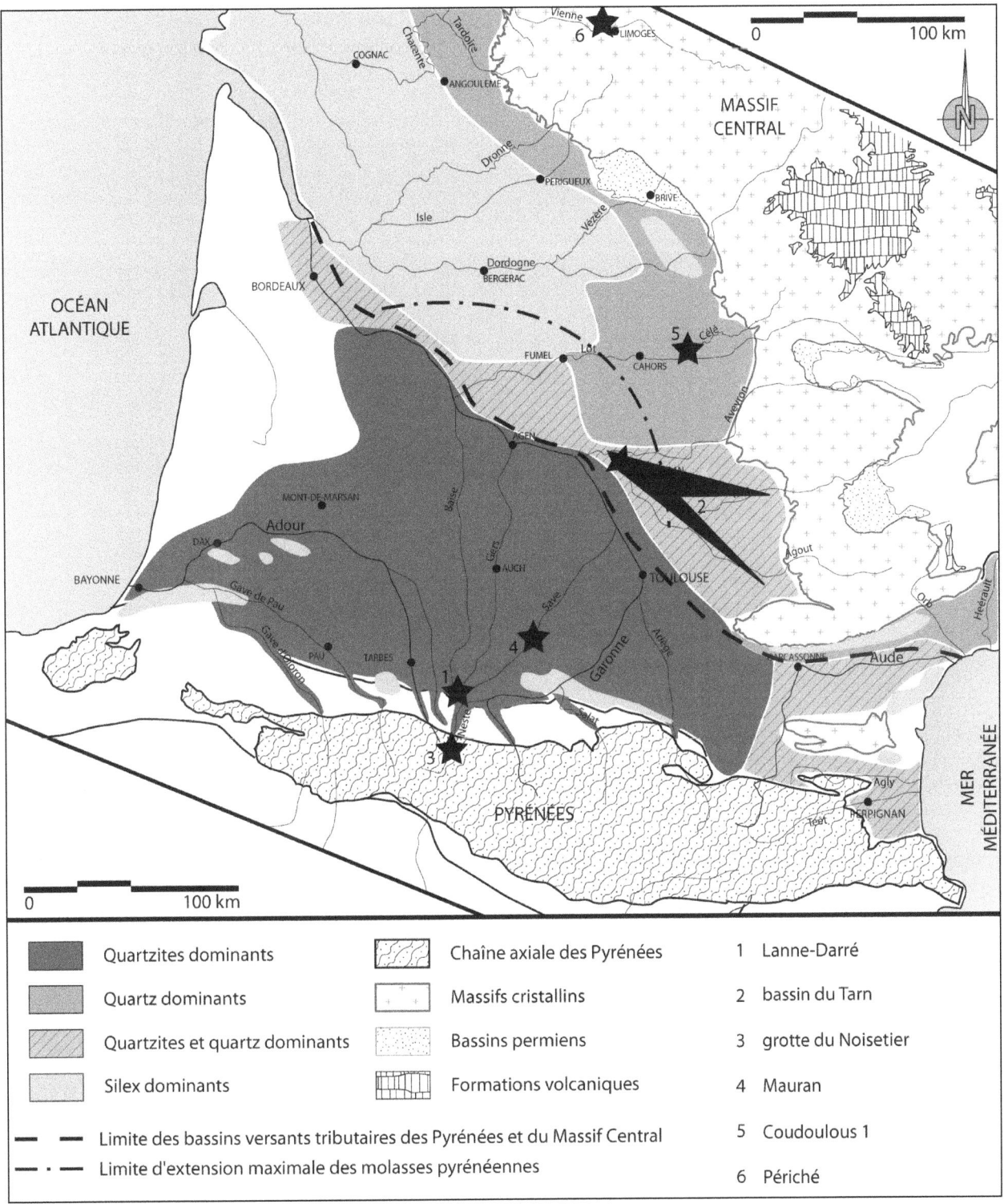

Fig. 1.1 – Cartographie schématique des principales matières premières lithiques du Sud-Ouest de la France sur fond géologique simplifié

du Massif central, ces derniers étant très rares. Résistants et tenaces, ils nécessitent des percussions virulentes et peuvent se débiter suivant des fracturations conchoïdales. Leur structure grenue occasionne de fréquentes cassures des pièces. Globalement, ces quartzites pyrénéens sont de meilleure qualité que ceux des domaines cristallins du Massif central.

Ces deux grands types de matériaux présentent des propriétés mécaniques assez sensiblement différentes qui ont des implications technologiques et fonctionnelles distinctes. Ils partagent cependant quelques règles communes: leur structure grenue limite la cohésion des fragments qui en sont issus et les négatifs forment des plans de frappe irréguliers peu favorables à la transmission de l'énergie lors de la percussion. L'emploi de surfaces néocorticales des galets alluviaux pallie grandement ce problème en apportant plus de cohérence aux plages de percussion, les talons en particulier. Elles fournissent également des tranchants plus réguliers et résistants à l'usure (Tavoso, 1986, Mourre, 1996). Ces contraintes techniques influent nettement sur les méthodes mises en œuvre par les artisans paléolithiques et sont bien perceptibles notamment dans certaines modalités des débitages Discoïde ou sur enclume (Mourre, 2004).

Au sein de ces deux groupes assez homogènes, des différences plus subtiles viennent influencer les comportements économiques et techniques, voire les choix culturels des tailleurs. En effet un même type de quartzite ne sera pas disponible sous les mêmes morphologies et modules sur l'ensemble de sa répartition géographique.

À l'est, au pied du Massif central, les quartzites translucides peuvent être récoltés directement aux abords des affleurements démantelés par l'érosion. Ils se présentent alors en volumes polyédriques le plus souvent faillés et parcourus d'impuretés. Ces blocs ne possèdent pas véritablement de cortex. Les surfaces tabulaires des plateaux qui forment la bordure occidentale du massif sont recouvertes par des alluvions pliocènes qui contiennent des galets qui n'ont été charriés que sur des parcours limités: la brièveté du transport fluviatile leur a conservé des volumes peu arrondis, épais, aux bords souvent orthogonaux. Les rivières quaternaires qui s'enfoncent vers l'ouest dans le bassin aquitain ont déplacé leurs galets sur de plus longues distances et les ont ainsi façonnés selon des morphologies plus ovoïdes et aplaties. Tous possèdent tout de même de véritables néocortex fluviatiles.

Pour les Pyrénées, le tableau est à la fois comparable et plus riche. Le démantèlement des affleurements primaires n'est véritablement accessible qu'en montagne, donc dans des zones ayant livré peu d'indices de fréquentation pour les périodes considérées. Les hautes vallées des rivières pyrénéennes charrient à côté de blocs de toutes tailles d'imposants rochers de plusieurs mètres cubes, à peine arrondis; il est impossible de savoir si de telles ressources ont subi de quelconques tentatives d'exploitation. Au débouché montagnard, ces rivières ont édifié à la fin du Néogène de vastes cônes de déjection fluvio-glaciaire. Des rochers pluri-métriques y sont également présents dans les pédoncules, comme celui du plateau de Lannemezan, mais l'essentiel de la fraction grossière est constitué de galets peu arrondis, hétérométriques, dont beaucoup ont des dimensions maximales comprises entre 50 cm et 1 m pour plusieurs dizaines de kilogrammes. Les cours d'eau quaternaires ont transporté et déposé d'importantes quantités de graves dont les galets présentent une granulométrie maximale qui décroît rapidement vers l'aval, avec l'éloignement de la chaîne. Les formations molassiques peuvent contenir de fortes proportions de galets de tailles moyennes jusqu'à hauteur de la Garonne environ; si elles se prolongent vers le nord, elles ne renferment plus que des dépôts fins à de rares exceptions près. Les galets sous leurs diverses morphologies sont donc la seule forme de blocs accessibles pour les quartzites dans le domaine d'influence pyrénéenne, au sud. Il est à noter qu'ils sont plus propices à l'altération que ceux du Massif central: ils tendent à se grésifier et se désagréger, en fonction croissante de l'ancienneté des dépôts qui les contiennent. Dans les formations du néogène, l'altération peut être totale. Cet élément est important car les parties altérées des quartzites sont quasiment impropres à toute activité de taille.

Les quartzites constituent donc dans le Sud-Ouest de la France une ressource lithique variée dans l'espace, selon que l'on se trouve dans les domaines d'influence du Massif central ou des Pyrénées, mais également à l'intérieur de ceux-ci, en fonction des formations dans lesquelles les blocs sont prélevés. Les artisans du Paléolithique ancien et moyen ont apporté à cette diversité et ses contraintes des réponses également très diversifiées.

DES EXPLOTAITONS DIVERSIFIÉES

Dresser un tableau complet et détaillé de l'ensemble des exploitations techno-économiques des quartzites dans le Sud-Ouest de la France serait une entreprise dépassant le cadre de cette contribution. Nous allons nous appuyer sur quelques exemples qui nous semblent en éclairer toute la variabilité et l'adaptabilité, sur un transect nord-sud qui va du cœur des Pyrénées centrales au Limousin en traversant la chronologie que nous avons retenue.

Le gisement de **Lanne-Darré** (Uglas, Hautes- Pyrénées) a livré une riche industrie de l'Acheuléen moyen au sein de cycles de colluvions dont la mise en place relève de déplacements en masse périglaciaires, notamment des solifluxions et des ruissellements, lors du Dernier Glaciaire (Colonge et Texier, 2005). Il se trouve au cœur du plateau de Lannemezan, vaste cône de déjection fluvio-glaciaire édifié par la paléo-Neste au pied des Pyrénées centrales à la fin du Néogène (Ponto-Pliocène). Il est le modelé de ce type le mieux préservé du piémont pyrénéen, de son pédoncule jusqu'à ses ultimes digitations aval.

La série lithique est dominée par une production d'éclats partagée entre deux objectifs principaux indépendants (Colonge, 2005). La recherche d'éclats petits à moyens, jusqu'à 12 cm d'extension environ, est la plus importante et se fait principalement par la récupération des sous-produits du façonnage et des méthodes Discoïdes et sur enclume. Des exploitations plus opportunistes et moins élaborées prennent également une place significative. L'autre chaîne opératoire est beaucoup plus originale car elle vise à l'obtention de grands produits d'une vingtaine de centimètres, destinés au façonnage d'un outillage lourd abondant dominé par des hachereaux, accompagné de bifaces et d'outils apparentés, dont ils sont les supports exclusifs. La présence dans les formations du néogène de nombreux blocs presque métriques ou hémi-métriques constitue évidemment un facteur primordial pour la mise en œuvre d'une telle chaîne opératoire: le nucléus le plus important mesure 24,5 x 34,7 x 20,8 cm pour une masse de 28 kg! Le panel lithologique est écrasé par des quartzites gris-bleutés (94%) qui ne laissent que peu de place à d'autres roches pyrénéennes (5%) et à quelques silex (1%) provenant de gîtes distants de 25 à 100 km.

Cette monotonie apparente cache en fait des stratégies d'acquisition et des économies des ressources lithiques complexes et les 94% de quartzites regroupent artificiellement plusieurs sous-catégories. Les blocs accessibles dans l'environnement immédiat, présentant des cortex d'altération plus ou moins développés, sont utilisés dans toutes les étapes des différentes chaînes opératoires, à la seule exception de la percussion directe active: ils sont donc largement polyvalents. Ils représentent 84% de l'ensemble des quartzites. Les artisans acheuléens ont également ramené des rivières locales, à moins de 2 km d'éloignement, des galets de tailles moyennes comme matériel de percussion et nucléus mais également de grands éclats bruts et peut-être transformés. Les chaînes opératoires sont complètes et totales pour la petite production et segmentées, avec seules les opérations finales sur le site, pour l'outillage lourd. Ces quartzites, qui fournissent 14 % de l'effectif des quartzites, sont identifiables par la présence de néocortex fluviatiles de teintes chaudes, marqués par les oxydes de fer des pédogenèses du plateau de Lannemezan. Enfin, quelques pièces portant des néocortex de teintes froides, incompatibles avec de telles provenances, sont issues de cours d'eau au parcours montagnard, sans doute La Neste qui est la plus proche. Ce petit groupe (environ 1% des quartzites) est exclusivement constitué d'outils finis, en l'occurrence uniquement des hachereaux.

Les artisans qui ont confectionné ces outillages ont donc exploité un même groupe de matériau, issu des même massifs de la chaîne axiale, mais disponible sous différents modules et formes dans une zone relativement large: ils possédaient une bonne connaissance des ressources de cet environnennes et anticipaient leurs besoins pour acquérir les ressources qui y répondaient le mieux là où elles étaient disponibles.

Toujours pour l'Acheuléen pyrénéo-garonnais classique (*sensu* Mourre et Colonge, sous presse), le bassin du Tarn a livré d'importantes séries de surface, depuis la confluence avec la Garonne jusqu'aux contreforts du Massif central (Tavoso, 1986). La zone aval est particulièrement intéressante car les alluvions anciennes du Tarn, alimenté par un bassin versant situé dans le Massif central, voisinent avec celles de la Garonne, issues de l'érosion des Pyrénées: les deux grands types de quartzites sont donc ici accessibles dans un rayon limité. En s'éloignant vers l'est, vers l'amont du Tarn et de ses affluents, les quartzites translucides sont les seuls disponibles dans les graves. À Campsas, près de la confluence, les deux types sont employés équitablement dans le petit débitage et le façonnage de galets, mais les quartzites garonnais sont écrasants au sein des hachereaux (Mourre, 2003) et dominants dans l'outillage bifacial: leur meilleure cohérence et leur plus grande robustesse sont des qualités idéales pour la confection d'outillages lourds, en particuliers pour les hachereaux. Si cette acquisition est ici locale, il en va tout autrement pour des gisements situés à 80 km environ des terrasses de la Garonne dans les vallées du Tarn ou de l'Agout, qui recelaient des hachereaux en quartzites garonnais en proportion qui ne sont pas forcément décroissantes avec l'éloignement (Tavoso, 1986). Uniques représentants de cette matière première, ces outils ont vraisemblablement été apportés finis et seuls. Les artisans acheuléens du bassin du Tarn, comme ceux de Lanne-Darré, parcourent donc un territoire vaste, avec une bonne connaissance des ressources lithiques qu'il offre, et anticipent leurs besoins en fonction des disponibilités locales en tenant compte des qualités spécifiques des différents matériaux.

La **grotte du Noisetier**, ou grotte de Peyrère I (Fréchet-Aure, Hautes-Pyrénées) se trouve au milieu de la haute vallée de la Neste. Malgré une altitude relativement modeste de 845 m, son environnement est montagnard car elle se trouve profondément à l'intérieur de la chaîne, dans une vallée très entaillée des Pyrénées. Les couches principales sont rapportées au stade isotopique 3, sur la base d'indications biochronologiques et de datations au radiocarbone. Le site a été occupé de façon répétée par des groupes de néandertaliens chassant le Cerf et le Bouquetin (Mourre *et al,* à paraître a).

L'industrie lithique est relativement abondante et s'inscrit dans une tradition moustérienne qu'il paraît déplacé de rapprocher de l'un ou l'autre des faciès classiques, tant l'outillage est rare et marqué par les caractéristiques des matières premières locales. Seule la présence d'un hachereau et d'un biface permet d'évoquer le Vasconien, défini par F. Bordes dans les Pyrénées occidentales et la façade cantabrique (Bordes, 1953), sans préjuger de l'unité de ce faciès ni de sa signification en termes culturels.

Les silex sont absents de l'environnement immédiat et seules quelques pièces ont été importées sous forme de produits bruts ou retouchés, depuis la région d'Hibarette à l'ouest et peut-être du secteur d'Aurignac, au nord-est (*étude en cours* P. Chalard).

Les matières premières utilisées sont donc essentiellement des roches pyrénéennes aisément accessibles dans le cours de la Neste qui coule en contrebas, à 145 m de dénivelé. Les quartzites dominent très nettement ce groupe, qui comprend également des lydiennes. Le débitage Discoïde est la méthode la plus fréquemment mise en œuvre, pour l'obtention de petits éclats triangulaires ou à dos opposé à un tranchant. Le débitage

Levallois est également attesté sur quartzite, de manière discrète mais indubitable. La mise en œuvre de cette méthode exigeante sur ce type de matériau est assez peu courante dans le cadre géographique considéré. À sa marge orientale, la grotte Tournal constitue une exception notable (Tavoso, 1987).

Les quartzites utilisés à la grotte du Noisetier présentent une grande diversité de couleur et de texture. Une cartographie précise des affleurements et des disponibilités des différentes variétés reste à faire (*étude en cours* Ch. Servelle), mais elles sont globalement accessibles sous forme de blocs émoussés et de galets dans le cours de la rivière, à quelques minutes de marche. Cependant, quelques rares pièces portent un cortex d'altération qui n'existe pas en domaine montagnard et qui signe les formations du néogène du plateau de Lannemezan. Même repris par la Neste ou une autre rivière, ils ne peuvent provenir d'un point en amont du début du pédoncule du plateau, situé à une quinzaine de kilomètres vers le nord.

Si les déplacements des groupes moustériens sont attestés par l'importation de silex, il est plus étonnant de voir circuler un matériau de nature identique à ceux qui sont disponibles dans l'environnement proche de la grotte, sans que la morphologie, la taille ou le cortex du bloc n'apporte un quelconque avantage. Un tel déplacement ne traduit pas une gestion des contraintes des matières premières mais peut plutôt être considéré comme un témoignage des étapes d'un parcours, au cours duquel l'acquisition de ressources minérales n'était vraisemblablement pas l'objectif principal.

Le site de **Mauran** (Haute-Garonne) est situé dans la vallée de la Garonne, dans la cluse de Boussens, près du débouché vers la plaine garonnaise à proprement parler après la traversée des Petites Pyrénées par le fleuve (Jaubert, 1993, Farizy *et al*, 1994). Des chasseurs moustériens ont utilisé le dénivelé d'une barre calcaire pour y abattre plusieurs milliers de bisons *(Bison priscus);* au cours du stade isotopique 3, vers 43.500 BP.

Ce site spécialisé a également livré un outillage attribué au Moustérien à denticulés. Les ressources lithiques locales sont riches et variées puisqu'elles associent le cortège de roches pyrénéennes charriées par la Garonne et les nombreux affleurement de silex danien des Petites Pyrénées. Les premières associent des quartzites, des quartz, des schistes tachetés ou des lydiennes, pour ne citer que les principales. L'objectif principal de la production est le débitage de pointes pseudo-Levallois, par une méthode Discoïde quasiment exclusive. La grande originalité de l'industrie de Mauran est que la principale méthode de débitage est mise en œuvre aussi bien sur silex que sur les quartzites et les autres matériaux. Les caractéristiques morpho-techniques des produits recherchés, en relation avec une activité spécialisée, mais peut-être aussi les traditions techniques et culturelles, conduisent les tailleurs à dépasser les contraintes propres à chaque matière première: si les matériaux concernés sont équivalents en termes d'accessibilité, ils ne le sont pas strictement en termes de propriétés mécaniques (Jaubert et Mourre; 1996).

Le site de **Coudoulous I** à Tour-de-Faure (Lot) se trouve dans le bassin versant du Lot, dépendant du Massif central (Jaubert *et al*, 2005, Mourre *et al*, à paraître b). Il a livré une importante séquence dont l'ensemble archéologique le plus riche est la couche 4, qui témoigne d'une utilisation spécialisée du site pour la chasse au bison au cours du stade isotopique 6, vers 160.000 ans. Environ 300 individus ont été dirigés vers le piège naturel formé par l'aven d'alors. Si la stratégie et le choix de l'espèce rappellent Mauran, la chronologie et l'industrie sont cependant différentes. L'industrie de Coudoulous relève incontestablement du Paléolithique moyen, même si la rareté et la faible représentativité de l'outillage rend futile toute tentative de rapprochement avec l'un des faciès classiques du Moustérien. Elle se caractérise par une nette économie des matières premières: le débitage Levallois a été mis en œuvre sur silex pour des produits ovalaires à tranchants périphériques et les débitages Discoïde et sur enclume ont été employés pour les quartz et les quartzites, afin de produire des éclats triangulaires opposant le plus souvent deux tranchants convergents à un talon néocortical épais.

Les quartz et les quartzites sont disponibles sous forme de galets de même modules et morphologies dans les diverses formations alluviales des vallées du Lot et du Célé, affleurant dés quelques dizaines de mètres en contrebas du site. Les deux matériaux présentent ici des propriétés mécaniques très proches. Depuis quelques années, ils ont été distingués systématiquement par un examen à l'œil nu lors de l'analyse de la série. Il ressort de cet exercice parfois délicat que quartz et quartzite ont été exploités selon les même méthodes. Si ce résultat semble prévisible et rejoint celui obtenu pour l'industrie du Paléolithique moyen ancien des Bosses (Jarry *et al*, à paraître), il semble que de légères différences de traitement soient perceptibles entre quartz et quartzites dans certains ensembles lithiques de la région, comme aux Fieux à Miers, dans le Lot, par exemple (Thiébaut *et al*, à paraître).

Enfin, le gisement de **Périché**, à Verneuil-sur-Vienne (Haute-Vienne) se trouve à une dizaine de kilomètres à l'ouest de Limoges (Colonge *et al*, à paraître). Une fois de plus l'archéologie préventive a permis de renouveler une documentation jusqu'alors très pauvre (Mazière et Raynal, 1976); elle est surtout venue rappeler qu'en Limousin, comme dans d'autres régions, la rareté des sites connus traduit une carence de la recherche plutôt qu'une faible fréquentation préhistorique…

Une industrie du Paléolithique moyen a été découverte au sein du dernier cycle d'écoulements d'un petit cône de déjection fossilisé grâce à une loupe de glissement qui l'a protégé de l'érosion en transformant sa convexité en concavité. Cette série modeste est essentiellement réalisée aux dépens de matériaux récoltés dans l'environnement immédiat à proche du gisement. Elle est complétée par quelques pièces en silex provenant de distances avoisinant 75 à 80 km à vol d'oiseau.

Les matières premières locales, des quartz et des quartzites, sont disponibles sous forme de blocs anguleux libérés par le démantèlement des filons néoformés ou des affleurements dans le socle ou sous forme de galets déposés dans des placages résiduels d'alluvions de la paléo-Vienne pliocène. Les deux types de blocs renvoient en proportions équivalentes aux deux roches principales: une écrasante majorité de quartz, 87%, et une minorité de quartzites, 12%. Les uns et les autres sont assez diversifiés, avec des variétés qui possèdent des aptitudes à la taille très inégales, mais qui restent moyennes. Aucune des deux familles de matières premières ne présente de tendance générale intrinsèque qui soit meilleure que l'autre: seuls quelques blocs détonnent dans l'ensemble mais restent isolés. Par contre, les blocs filoniens sont nettement moins bons que les galets, parce que beaucoup plus faillés et parcourus d'impuretés comme des nodules de tourmaline ou des plages de gneiss arrachées aux épontes de filons par exemple. Les galets offrent plus de cohérence et des surfaces néocorticales qui constituent d'excellents plans de frappes: ils ont autorisé des schémas de production plus complexes, avec des degrés d'exploitation ou d'utilisation plus avancés. Ainsi, la distinction des méthodes de taille ne va pas s'établir entre quartz et quartzites, qui sont globalement de même qualité, mais entre galets et blocs filoniens, qui ne présentent pas du tout les mêmes contraintes. Les artisans de Périché ont visiblement tiré le meilleur parti possible de ressources locales abondantes mais difficiles à exploiter, en prenant plus en compte la forme sous laquelle se présentaient les blocs que leur nature pétrographique à proprement parler.

LES QUARTZITES DANS LE SUD-OUEST DE LA FRANCE: DIVERSITÉ DES MATÉRIAUX ET DES COMPORTEMENTS TECHNIQUES

Dans le Sud-Ouest de la France, dans chacun des grands domaines évoqués (plateaux calcaires du nord-ouest riches en silex; causses et plateaux cristallins du nord-est riches en quartz; bassin de la Garonne au sud, riche en matériaux issus de la chaîne axiale pyrénéenne) les quartzites constituent ainsi une ressource lithique très abondante et facilement accessible. Ils peuvent être subdivisés en deux familles principales se distinguant par leurs textures et leurs couleurs, selon qu'ils proviennent du Massif central ou des Pyrénées.

Dans la zone orientale liée au Massif central, ils sont très proches des quartz par la texture et la couleur, qu'ils soient récoltés en galets ou en bloc filoniens. Les deux sont disponibles également dans les mêmes contextes, qu'il s'agisse de dépôts alluviaux ou de reliefs cristallins érodés, et sous des formes identiques, galets et blocs en position secondaire proche. Cette similitude générale induit assez naturellement une proximité technologique. À Périché comme à Coudoulous, et dans une certaine mesure dans le petit débitage de l'Acheuléen du bassin du Tarn, les quartzites sont employés de la même manière que les quartz selon des méthodes nettement différentes de celles mises en œuvre pour les silex. Les modalités d'utilisation se distinguent également par la prise en compte des types de blocs exploités.

Dans la zone méridionale d'influence pyrénéenne, les quartzites sont globalement de meilleure qualité que leurs homologues septentrionaux et font l'objet d'une technologie propre. Un même matériau peut même circuler dans la zone connue par un groupe préhistorique en fonction des types de blocs ou galets présents dans ses différentes parties. Les artisans de Lanne-Darré gèrent un même quartzite gris-bleuté selon la morphologie et le degré d'altération des blocs issus de diverses formations et de leurs propres parcours. Ce dernier phénomène est perceptible également à la grotte du Noisetier où aucun paramètre techno-économique ne justifie l'importation de quartzites du piémont: des quartzites de qualité équivalente, voire supérieure sont disponibles dans la Neste en contrebas de la cavité. Dans le bassin du Tarn, les comportements observés sont plus classiques, dans le sens où les matières premières les mieux adaptées à un outillage particulier circulent sous forme d'outils loin de leur provenance (*cf.* Féblot-Augustins, 1997). À Mauran, toutes les matières premières, accessibles localement ou dans un environnement proche, ont essentiellement été exploitées selon un schéma de production orienté vers l'obtention de pointes pseudo-Levallois.

Ces données, que l'ambition synthétique a pu rendre quelque peu réductrices, dégagent plusieurs points sur lesquels nous tenons à insister. Qu'ils soient exploités de manière indépendante ou associés aux quartz, les quartzites constituent une gamme de matières premières diversifiées, récoltées très majoritairement en première intention au cours du Paléolithique ancien et moyen dans le Sud-Ouest de la France. Leurs contraintes et leurs qualités, propres à chaque variété ou partagées par toutes, sont intégrées dans le système de production lithique pour être mis en œuvre dans des chaînes opératoires spécifiques ou plus rarement appliquées aussi à d'autres roches.

De la même façon que l'on ne se contente plus de s'arrêter à la détermination "silex" depuis plusieurs décennies, la simple détermination pétrographique de cette matière première comme "quartzite" ne suffit plus à rendre compte de la diversité des sources et stratégies d'approvisionnement. Il n'y a pas plus de points communs entre des silex daniens et fumélois qu'entre des quartzites des plateaux limousins et du piémont pyrénéen; pourtant, ces derniers sont encore souvent regroupés sous le seul terme générique "quartzite", qui plus est au singulier. Il s'agit toutefois d'un moindre mal si l'on

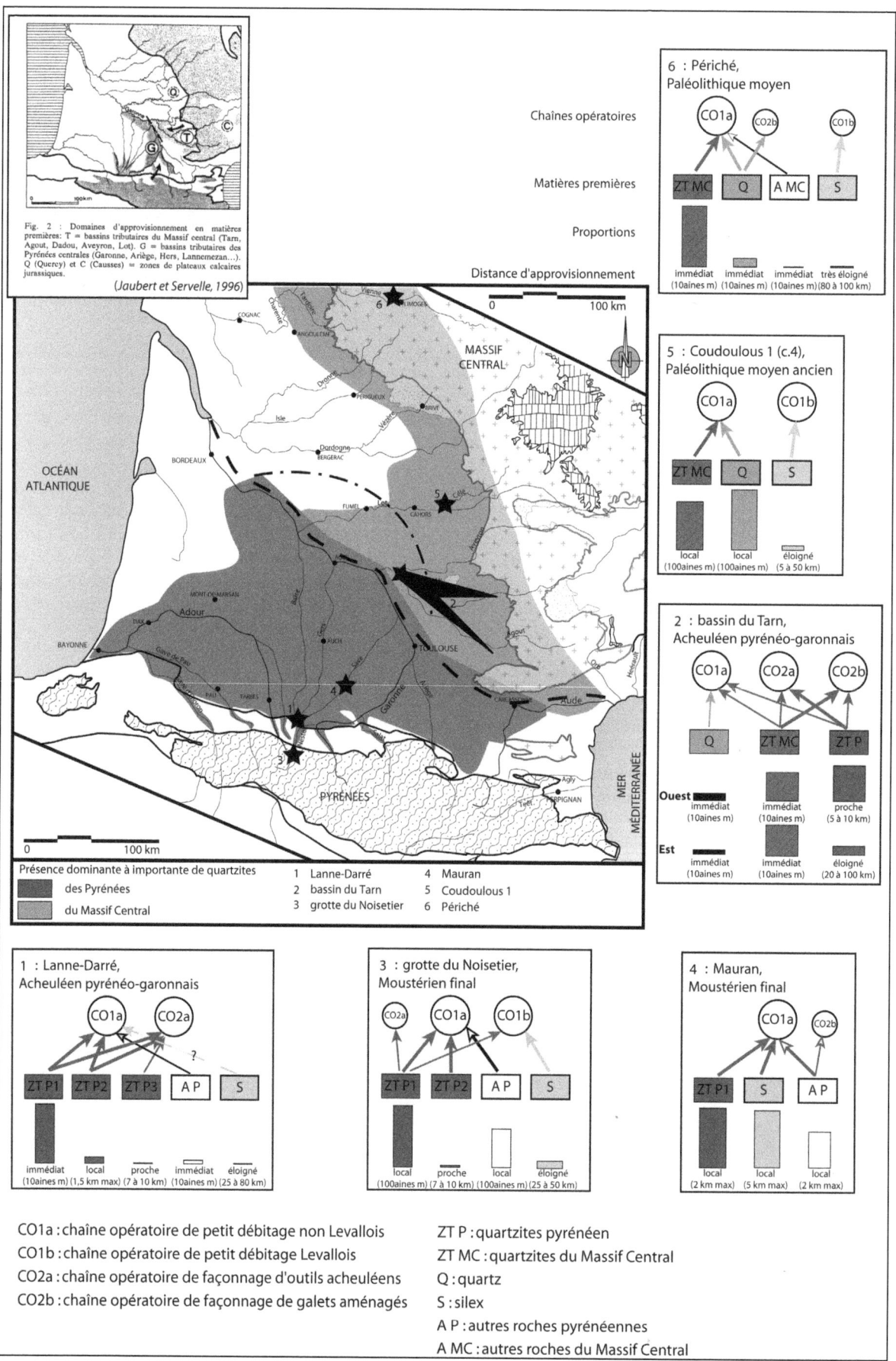

Fig. 1.2 – Cartographie simplifiée des grands types de quartzites et modélisations des aspects techno-économiques de leurs exploitations au sein des différents sites retenus

considère les terminologies encore plus réductrices telles que "industrie sur galets", "sur autres matériaux" ou "sur matériaux alternatifs" qui parsèment encore la littérature.

Enfin, deux problématiques permettent d'élargir ces réflexions vers des questions plus vastes. Tous les indicateurs d'économie des matières premières, de stratégies d'approvisionnement et d'anticipation des besoins que nous avons pu mettre en lumière illustrent à leur tour l'étendue des capacités cognitives des humains qui ont précédé l'arrivée des Humains anatomiquement moderne en Europe. Ceci vaut depuis l'Acheuléen compris, pour lequel certains imaginent encore la mise en œuvre exclusive de chaînes opératoires rudimentaires. La recherche de caractérisation fine des matières premières dans le bassin de la Somme (Lamotte *et al*, à paraître), dans une perspective très voisine de la nôtre, va dans le même sens. Des silex aux qualités qui peuvent être comparables circulent sous diverses formes au sein de cette aire géographique, comme les quartzites du piémont pyrénéen.

D'autre part, la question du déterminisme des matières premières comme clé d'interprétation des provinces culturelles refait surface: l'Acheuléen pyrénéo-garonnais du bassin du Tarn montre bien qu'un techno-complexe peut s'étendre au-delà de l'aire de répartition de la matière première sur laquelle il s'exprime le plus clairement (Jaubert et Servelle, 1996), justement par le biais de circulation palliant les carences relatives des matériaux locaux. Contrairement à ce qui a pu être écrit (Villa, 1981 et 1983, Santonja, 1996), les outils bifaciaux acheuléens, et en particulier les hachereaux, ne résultent pas simplement d'un déterminisme dicté par les quartzites; ils traduisent un choix réalisé par les humains qui les ont produits et transportés, un choix délibéré au sein d'un gamme de solutions dont certaines étaient plus simples à mettre en œuvre et/ou moins coûteuses en énergie, en un mot un choix culturel.

Bibliographie

BARRAGUÉ, J., BARRAGUÉ, E., JARRY, M., FOUCHER, P. et SIMONNET, R. (2001) "Le silex du flysch de Montgaillard et son exploitation sur les ateliers du Paléolithique supérieur à Hibarette (Hautes-Pyrénées)", *Paléo*, n° 13, p. 29-52.

BON, F., CHAUVAUD, D., DARTIGUEPEYROU, S., GARDÈRE, P. et MENSAN, R. (1996) "La caractérisation du silex de Chalosse", *Antiquités Nationales*, 28, p. 33-38.

BORDES, F. (1953) "Essai de classification des industries "moustériennes"", *Bulletin de la Société Préhistorique Française*, t. L, n° 7-8, p. 457-466.

COLONGE, D. (2005) "Économie des matières premières lithiques sur un site acheuléen du piémont pyrénéen: Lanne-Darré à Uglas (Hautes-Pyrénées)", in: *Territoires, déplacements, mobilité, échanges pendant la préhistoire. Terres et hommes du Sud*, Jaubert, J. et Barbaza, M., Eds., Actes du 126e congrès du CTHS, Toulouse, 2001, p. 33-48.

COLONGE, D. ET TEXIER, J.-P. (2005) "Le gisement acheuléen de Lanne-Darré (Uglas, Hautes-Pyrénées) et perspectives régionales dans le Sud-Ouest de l'Europe", in: *Données récentes sur les modalités de peuplement et sur le cadre chronostratigraphique, géologique et paléogéographique des industries du Paléolithique inférieur et moyen en Europe*, Molines, N., Moncel, M.-H. et Monnier, J.-L., Eds., BAR International Series 1364, Actes du Colloque International de Rennes, 22-25 septembre 2003, p. 203-214.

COLONGE, D., BRUXELLES L., JAMOIS M.-H. et CHEVREUSE F. (à paraître) "Périché (Verneuil-sur-Vienne, 87): un gisement paléolithique moyen en Limousin cristallin", actes de la Journée décentralisée de la SPF à Talence.

FARIZY, C., DAVID, F. et JAUBERT, J (1994) *Hommes et bisons du Paléolithique moyen à Mauran (Haute-Garonne)*, Paris, CNRS, XXXème supplément à Gallia Préhistoire, 267 p.

FÉBLOT-AUGUSTINS, J. (1997) *La circulation des matières premières au Paléolithique*, Liège, ERAUL 75, 275p.

FOUCAULT, A. et RAOULT, J-F. (1992) *Dictionnaire de géologie*, Paris, Masson, 3ème édition, 352 p.

JARRY, M., COLONGE, D., LELOUVIER, L.-A. et MOURRE, V. (dir) (à paraître) *Les Bosses 1, Lamagdelaine (Lot) – Un gisement paléolithique moyen antérieur à l'avant-dernier interglaciaire sur la moyenne terrasse du Lot*, Société Préhistorique Française.

JAUBERT, J. (1993) "Le gisement paléolithique moyen de Mauran (Haute-Garonne): techno-économie des industries lithiques", *Bulletin de la Société Préhistorique Française*, t. 90, n° 5, p. 328-335.

JAUBERT, J. et SERVELLE, CH. (1996) "L'Acheuléen dans le Bassin de la Garonne (région Midi-Pyrénées): état de la question et implications", in: *L'Acheuléen dans l'Ouest de l'Europe, Actes du Colloque de Saint Riquier, 1989*, Tuffreau, A., Ed., Lille, Publications du CERP, n° 4, p. 77-108.

JAUBERT, J. et MOURRE, V. (1996) "Coudoulous, Le Rescoundudou, Mauran: diversité des matières premières et variabilité des schémas de production d'éclats", in: *Proceedings of the International Round Table: Reduction processes ("chaînes opératoires") for the European Mousterian*, Bietti, A. et Grimaldi, S., Eds., Rome, Quaternaria Nova VI, p. 313-341.

JAUBERT, J., KERVAZO, B., BRUGAL, J.-PH., CHALARD, P., FALGUÈRES, CH., JARRY, M., JEANNET, M., LEMORINI, C., LOUCHART, A., MAKSUD, F., MOURRE, V., QUINIF, Y. et THIÉBAUT, C. (2005) "Coudoulous I (Tour-de-Faure, Lot), site du Pléistocène moyen en Quercy.

Bilan pluridisciplinaire", in: *Données récentes sur les modalités de peuplement et sur le cadre chronostratigraphique, géologique et paléogéographique des industries du Paléolithique inférieur et moyen en Europe*, Molines, N., Moncel, M.-H. et Monnier, J.-L., Eds., BAR International Series 1364, Actes du Colloque International de Rennes, 22-25 septembre 2003, p. 227-251.

MOURRE, V. (1996) "Les industries en quartz au Paléolithique – Terminologie, méthodologie et technologie", *Paléo*, n° 8, p. 205-223.

MOURRE, V. (2003) *Implications culturelles de la technologie des hachereaux*, Université de Paris X – Nanterre, Thèse de Doctorat, 3 vol., 880 p.

MOURRE, V. (2004) "Le débitage sur enclume au Paléolithique moyen dans le Sud-Ouest de la France", in: *Session 5: Paléolithique moyen*, Van Peer, P., Bonjean, D. et Semal, P., Eds., BAR S1239 – Actes du XIVème Congrès de l'UISPP, Liège, 2-8 sept. 2001, p. 29-38.

MOURRE, V., COSTAMAGNO, S. et THIÉBAUT, C. (à paraître a) "Exploitation du milieu montagnard dans le Moustérien final: la Grotte du Noisetier à Fréchet-Aure (Pyrénées centrales françaises)", in: *C31 – Mountain environments in prehistoric Europe: settlement and mobility strategies from Paleolithic to the early Bronze Age*, Grimaldi, S. et Perrin, Th., Eds., XVème Congrès de l'UISPP, 4-9 septembre 2006, Lisbonne.

MOURRE, V., LEMORINI, C. et JAUBERT, J. (à paraître b) "De l'importance des matériaux réputés médiocres dans le Paléolithique moyen du Quercy – Analyse technologique et fonctionnelle de l'industrie lithique de Coudoulous I, couche 4", in: *Modalités d'occupations et exploitation des milieux au Paléolithique dans le Sud-Ouest de la France: l'exemple du Quercy*, Jarry, M., Brugal, J-P. et Ferrier, C., Eds., XVème Congrès de l'UISPP, 4-9 septembre 2006, Lisbonne, C67.

MOURRE, V. et COLONGE, D. (sous presse) "Et si l'Acheuléen méridional n'était pas là où on l'attendait?", in: *Un siècle de construction du discours scientifique en Préhistoire*, Avignon 21-25 septembre 2004, Congrès du Centenaire de la SPF.

SANTONJA, M. (1996) "The Lower Palaeolithic in Spain: sites, raw material and occupation of the land", in: *Non-flint stone tools and the Palaeolithic occupation of the Iberian Peninsula*, Moloney, N., Raposo, L. et Santonja, M., Eds., BAR Publishing, BAR International Series 649, p. 1-20.

SIMONNET, R. (1999) "De la géologie à la préhistoire: le silex des Prépyrénées – résultats et réflexions sur les perspectives et les limites de l'étude des matières premières lithiques", *Paléo*, n° 11, p. 71-88.

TAVOSO, A. (1986) *Le Paléolithique inférieur et moyen du Haut-Languedoc. Gisements des terrasses alluviales du Tarn, du Dadou, de l'Agout, du Sor et du Fresquel*, Université de Provence, Ed. du Laboratoire de Paléontologie Humaine et de Préhistoire, Etudes Quaternaires 5,(1978),404 p.

TAVOSO, A. (1987) "Le Moustérien de la grotte Tournal", *Cypsela*, VI, p. 161-174.

THIÉBAUT, C., MOURRE, V. et TURQ, A. (à paraître) "Diversité des matériaux et diversité des schémas de production au sein de l'industrie moustérienne de la couche K des Fieux (Miers, Lot)", *Bulletin de la Société Préhistorique Française*.

TURQ, A. (2000) – *Le Paléolithique inférieur et moyen entre Dordogne et Lot*, Paléo, supplément n° 2, 456 p.

VILLA, P. (1981) – "Matières premières et provinces culturelles dans l'Acheuléen français", *Quaternaria*, XXIII, p. 19-35.

VILLA, P. (1983) – *Terra Amata and the Middle Pleistocene archaeological record of Southern France*, University of California Press, Anthropology 13, 303 p.

QUARTZ ET QUARTZITE DANS LES NIVEAUX D'OCCUPATION OIS 7 ET 5 DU SITE DE PAYRE (SUD-EST, FRANCE): FONCTION SPÉCIFIQUE ET COMPLÉMENTAIRE?

Marie-Hélène MONCEL

Département de Préhistoire, MNHN, Institut de Paléontologie Humaine, 1 rue René Panhard, 75013 Paris, France
E-mail: moncel@mnhn.fr

Arturo de LOMBERA HERMIDA

Aera de Prehistoria, URV, Tarragona, Spain,

Deniaux BRIGITTE

Département de Préhistoire, CNRS, CERP, Tautavel, France

Abstract: The site of Payre has yielded several human occupations in a cave located on a cliff along the Rhône valley. Flint is the main rock used for the debitage in each level. This stone is abundant in the environment, not far away from the site. Basalt is the second more used type of stone, as large pebbles, unretouched or retouched. Though quartz (2 to 12%) and quartzite (0,5 to 4%) amount to a small proportion of the artefacts, their treatment shows that they were selected for specific reasons, and not for a lack of materials in the environment. Most quartz flaking took place (discoid and orthogonal), outside the site, and the products are thick and unretouched. Quartzite was mainly brought as large flakes, either unretouched or retouched. These flakes are first removals from voluminous pebbles which had been probably collected on the Rhône river banks. The cutting edges display deep crushing marks due to strong use. The aspect of some small quartzite flakes indicates that some reworking on large flake tools may have taken place on unfound tools inside the site. Quartzite artefacts were probably mobile tools (large and thin tools). Quartz artefacts would complement flint ones as thick and hard flakes. The connexion between quartz, quartzite, flint and basalt shows a diversified raw material collecting and the capability of treating various rocks.
Key words: Quartz, quartzite, technology, territory

Résumé: Le site de Payre livre plusieurs niveaux d'occupation dans une cavité située sur un promontoire en bordure de la vallée du Rhône. Le silex est la roche la plus utilisée pour le débitage dans toutes les phases d'occupation, disponible en abondance dans un périmètre peu éloigné du site. Le basalte vient en seconde position, prélevé dans la rivière au pied du site. Il est destiné à un gros outillage sur galet ou conservé brut. Le quartz (2 à 12%) et le quartzite (0,5 à 4%) ne représentent qu'une petite partie des artefacts mais leur traitement indique un choix, non pas pour des raisons de manque de matériaux dans l'environnement, mais pour des fonctions spécifiques. Le quartz fournit en effet des éclats épais laissés souvent bruts, selon des modes de débitage discoïdes ou orthogonaux. Ils sont apportés en grande partie de l'extérieur. Le quartzite arrive avant tout sous forme de grands éclats bruts ou retouchés. Ces éclats sont des entames extraites de volumineux galets que l'on peut trouver en bordure de la vallée du Rhône toute proche. Les tranchants, très écrasés, indiquent un usage intense de ces outils. Quelques petits éclats en quartzite témoignent d'un possible ravivage d'outils qui n'ont pas été découverts dans l'habitat. Le matériel sur quartzite serait un outillage mobile de grande dimension et de module aplati. Le matériel en quartz serait complémentaire au silex en fournissant des produits épais et de dureté différente. L'association du quartz et du quartzite au silex et au basalte montre une gestion du territoire dans différentes directions et un traitement différentiel des matériaux.
Mots Clés: Quartz, quartzite, technologie, territoire

Resumo: O sítio de Payre tem vários níveis de ocupação numa gruta situada sobre um promontório numa falésia do Vale do Ródano. O sílex é a rocha mais utilizada para a debitagem de todas as fases de ocupação, abundantemente disponível num perímetro próximo do sítio. O basalto surge numa posição secundária, recolhida no rio próximo esta matéria-prima foi utilizada para elaborar grandes utensílios ou guardada em bruto. O quartzo (2-12%) e o quartzito (0,5-4%) representam apenas uma pequena parte dos artefactos, mas o seu tratamento indica uma escolha determinada por funções específicas e não por uma ausência destas matérias-primas na paisagem. O quartzo é talhado com modos de debitagem ortogonais e discóides, resultando em lascas espessas, frequentemente deixadas em bruto e trazidas do exterior. O quartzito surge sob a forma de grandes lascas em bruto ou retocadas. Estas lascas são «entames» extraídos de volumosos seixos que se podem encontrar no vale do Ródano, não muito longe. Os gumes encontram-se bastante esmagados, o que indica uma intensiva utilização destes utensílios. Algumas pequenas lascas de quartzito testemunham um possível reavivamento de utensílios ausentes no habitat. O material em quartzito seria uma utensilagem móvel de grandes dimensões e pouco espessa. O material em quartzo seria complementar ao sílex fornecendo suportes mais espessos e com uma resistência distinta. A associação do quartzo e quartzito ao sílex e basalto mostra uma gestão do território em diferentes direcções, bem como um tratamento diferenciado dos materiais.
Palavras-chave: Quartzito, Quartzo, tecnologia, território

INTRODUCTION

Le quartz (filonien et hyalin) et le quartzite (roche métamorphique) sont des roches dont l'usage est rare au Paléolithique moyen et il est courant de considérer qu'elles sont employées en grande quantité lorsque des matériaux de qualité comme le silex manquent aux abords des habitats (Jaubert, 1990; Féblot-Augustins, 1993,

1997; Jaubert & Mourre, 1996; Jaubert, 1997; Geneste & Turq, 1997; Geneste & Jaubert, 1999; Lumley & Barsky, 2004). Pourtant, les analyses tracéologiques et fonctionnelles reconnaissent que ces roches peuvent être efficaces pour certaines activités comme la boucherie (Mourre, 1996, 1997; Texier *et al*, 1996; Lemorini, 2000; Peresani *et al.*, 2001).

Dans la moyenne vallée du Rhône, située dans le sud-est de la France, le silex est abondant et la plupart des occupations humaines ont utilisé en priorité ce matériau. L'usage du quartz et du quartzite en grande quantité est donc rarement observé, excepté à l'Abri des Pêcheurs (vallée du Chassezac, OIS 5-4). Lorsque ces roches sont présentes dans les sites, elles le sont en très petite quantité, prélevées au pied du site sous forme de galets et souvent destinées à être utilisées comme percuteur ou transformées en outils sur galet. Le débitage est très rare et l'Abri des Pêcheurs est encore le seul site à attester d'un débitage prépondérant du quartz (Moncel, 2003).

A Payre, le quartz (moins de 15%) et le quartzite (moins de 5%) sont peu employés, alors que le silex représente plus de 80% des assemblages. Malgré un usage limité, leur traitement présente des caractéristiques tout à fait originales, par les types d'outils et les manières de faire, qui laissent penser 1) à une exploitation en partie à l'extérieur du site, 2) à un usage particulier, complémentaire à ceux du silex, du calcaire et du basalte, comme le suggèrent les abondantes traces d'utilisation visibles macro et microscopiquement.

LE SITE DE PAYRE

Le site de Payre est l'un des rares gisements de la moyenne vallée du Rhône daté des stades isotopiques 7 et 5 selon les analyses radiométriques ou paléoenvironnementales.

L'étude des différentes phases du remplissage permet de constater que les hommes ont occupé une grotte qui s'est effondrée avec le recul du versant. Pourtant, ces hommes sont revenus régulièrement dans ce même lieu alors qu'il n'offrait plus qu'un abri sous roche, indifférents apparemment à sa morphologie, mais intéressés peut-être beaucoup plus par sa fonction d'abri, sa position et ce que pouvait fournir l'environnement aux abords du lieu. Le gisement est situé en bordure de la rive droite de la vallée du Rhône, en position de promontoire sur le rebord d'un plateau calcaire de 200 à 300 m d'altitude. Cette situation paraît avoir attiré fortement les Pré-Néandertaliens puisqu'elle se retrouve à l'identique aux grottes de Soyons (Debard, 1988).

La séquence sédimentaire de cinq mètres d'épaisseur, datée par Uranium-Thorium et Resonnance Electronique de Spin sur ossements, dents et plancher stalagmitique (Masaoudi *et al*, 1997; Moncel *et al*, 2002) et par thermoluminescence (H. Valladas *et al*, non publié), peut se résumer comme suit:

– dépôt d'un plancher stalagmitique sur les deux bords de la cavité, durant le stade isotopique 7.

– premier dépôt (G) d'argile orangée fortement cailouteuse et daté du OIS 7 dans une cavité. Il renferme deux phases majeures d'occupation humaine avec des restes humains (Moncel et Condémi, 1996, 1997). Les données fournies par les micromammifères attesteraient d'un climat froid et sec au moment de la mise en place, mais ces dépôts ne sont pas nécessairement contemporains des restes osseux qui peuvent être intrusifs (El Hazzazi, 1998; Desclaux, in Moncel *et al*, 2002).

– second dépôt (ensemble F) de même type et de même âge, mais grisâtre, se mettant ensuite en place dans la grotte corrélativement à de nouvelles occupations humaines et une forte fréquentation animale. Les pollens indiquent un environnement semi-forestier à tendance méditerranéenne (Kalaï *et al*, 2001). Ce résultat est quelque peu en contradiction avec les données enregistrées par la microfaune qui attestent d'un climat toujours froid et sec (sélection des espèces par des rapaces, migration des restes osseux?). Les Ursidés placeraient le site plutôt à la fin du Pléistocène moyen et au début du Pléistocène supérieur (*cf.* P.Auguste, sous presse).

– éboulement massif du plafond au cours de la fin du OIS 6 ou du début du OIS 5 (amas de caillouits et de blocs de l'ensemble E). Les pollens et la microfaune indiquent un environnement plus tempéré.

– recul de plus en plus marqué du plafond. La dernière grande phase d'apport sédimentaire s'effectue en partie à l'air libre (ensembles C et D). L'homme fréquente encore le lieu et ceci durant le début du OIS 5.

LA PLACE DU QUARTZ ET DU QUARTZITE DANS LES ASSEMBLAGES LITHIQUES ET L'ORIGINE DES ROCHES

Le silex est la principale matière première utilisée en grande abondance dans le site, provenant en majorité des niveaux du Barrémien et du Bédoulien à moins de 20 km vers le sud. A côté du silex, les autres roches pourraient être des roches complémentaires, facilement récupérables dans l'environnement proche du site. Ces roches ont été débitées (quartz, calcaire), façonnées (quartz, calcaire, basalte, quartzite) ou laissées brutes (basalte et secondairement calcaire, quartz, quartzite). Sous forme de galets, elles peuvent toutes être récupérées dans les lits de la Payre ou du Rhône tout proche et leur proportion reflète celle de l'environnement. Alors que le quartzite reste toujours très rare (entre 0, 5 et 4%), le quartz devient un peu plus abondant au cours du temps (entre 2 et 13%) (Tab. 2.1).

Tab. 2.1 – Fréquence des différents types de roche dans la séquence archéologique de Payre

	Gb	Ga	Fd	Fc	Fb	Fa	E	D
Basalte	25	298	20	39	32	209	38	359
	4,3%	7,9%	3,4%	7,6%	4%	8,4%	11,4%	13,7%
Quartz	13	140	26	55	40	197	41	250
	2,2%	3,6%	4,4%	10,6%	5%	7,9%	12,3%	9,6%
Calcaire	2	15	0	6	2	42	2	25
	0,3%	0,4%		1,1%	0,2%	1,7%	0,6%	0,9%
Quartzite	5	48	2	2	7	27	13	46
	0,8%	1,2%	0,3%	0,2%	0,9%	1,1%	3,9%	1,7%
Silex	535	3372	541	413	732	2014	239	1931
	92,2%	87,1%	91,8%	80,2%	89,9%	80,9%	71,7%	73,9%
Total	580	3873	589	515	804	2489	333	2611

Tab. 2.2 – Catégories d'artefacts en quartz et quartzite dans les différents niveaux d'occupation de Payre
(sans les micro-éclats et les micro-débris de moins de 10 mm)

	Ensemble G		Ensemble F		Ensemble D	
	Quarzite	Quartz	Quarzite	Quartz	Quarzite	Quartz
Galet				1		1
Bna				0,61		0,62
Percuteur		1				
Bnb		0,77				
Fragment de percuteur		1				
Bnc		0,77				
Outil-nucléus	1	1		1	2	
NB1GC	3,23	0,77		0,61	12,50	
Nucléus	1	4	1	1		2
NB1GE	3,23	3,08	3,13	0,61		1,24
Fragment de nucléus		3		2		
FNB1G		2,31		1,21		
Eclat retouché	5	13	6	11	1	10
NB2GC	16,13	10	18,75	6,67	6,25	6,21
Nucléus-éclat		5		4		
NB2GE		3,85		2,42		
Fragment d'éclat retouché	5	4	1	3		4
FNB2G	16,13	3,08	3,13	1,82		2,48
Eclat	11	36	9	56	8	62
PB	35,48	27,69	28,13	33,94	50,00	38,51
Eclat brisé	6	37	9	29	2	29
PBF	19,35	28,46	28,13	17,58	12,50	18,01
Fragment d'éclat	2	13	6	35	2	28
FPB	6,45	10,00	18,75	21,21	12,50	17,39
Débris		12		22	1	25
Frag		9,23		13,33	6,25	15,53
Total	31	130	32	165	16	161
	19,25	80,75	16,24	83,76	9,04	90,96

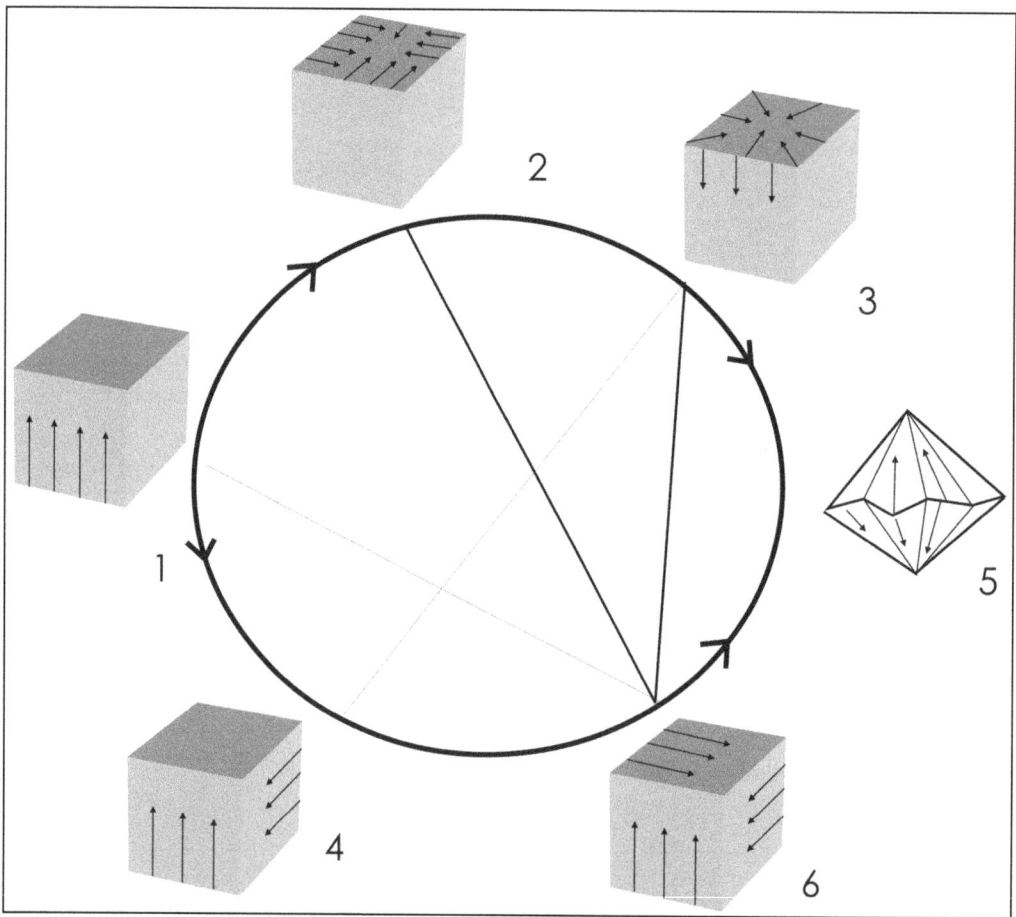

Fig. 2.1 – *Champ Opératoire* du débitage du quartz. 1: stratégie unipolaire; 2: multifacial et orthogonal; 3: Centripète; 4: bifacial orthogonal; 5: discoïde; 6: multifacial/trifacial. Les flèches indiquent les séquences possibles du débitage

Le quartz

Les artefacts en quartz ne sont pas très fréquents dans les différents niveaux archéologiques. Ce sont des quartz de types différents avec des textures saccharoïdes et cristallines mais la plupart d'entre eux ont une texture macrocristaline avec des clivages internes plans. Selon le cortex, deux types de galets ont été ramassés: 1) des fragments arrondis de taille moyenne ont été collectés dans le lit de la Payre, 2) de grands éclats et des fragments tabulaires ont été extraits de grands galets, peut-être en provenance du lit du Rhône comme pour le quartzite, ou de la Payre. Ces derniers ont été prélevés pour obtenir des outils à longs bords tranchants ou comme base de débitage.

Si l'on observe les différentes catégories d'artefacts (Tab. 2.2), on constate une part importante de produits finaux comme les éclats, les éclats brisés, et secondairement les pièces "configurées" (nucléus et outils sur éclat). Les premières étapes de la chaîne opératoire sont mal représentées, principalement les nucléus, les percuteurs et les débris. L'absence de fragments est particulièrement significative alors que l'exploitation de cette roche fournit une très grande quantité de débris du fait de sa qualité et de sa pétrographie. D'un autre côté, la plupart des artefacts en quartz dans le site présente des tranchants de bonne qualité avec de bons potentiels morphologiques et fonctionnels. Par ailleurs, les éclats à dos corticaux représentent entre 71,2 et 77,9%. Sauf si le traitement du quartz a eu lieu dans des zones du site aujourd'hui disparues, il est probable que la majeure partie des éclats a été apportée sur le site déjà débitée et sélectionnée, peut-être au bord de la Payre. Aucun ne remonte sur les quelques nucléus découverts dans le site, fait rare pour ce type de matériel local qui est le plus souvent débité sur place dans la région.

Peu de nucléus ont été découverts dans les assemblages. Les stratégies de débitage sont basées sur une exploitation volumétrique et quelques unes sont identiques à celles identifiées sur le silex (méthodes discoïdes et orthogonales). Les galets subrectangulaires, les éclats ou les grands fragments tabulaires ont été exploités en profitant des plans naturels et des surfaces corticales. Ces surfaces ont servi comme plans de frappe, et une surface de débitage préférentielle est visible sur les nucléus affectant moins de la moitié de la périphérie de l'objet (stratégie unipolaire). Les stratégies bifaciales, orthogonales ou même multifaciales peuvent aussi être employées. A la fin du débitage, quand le nucléus est de petite dimension, celui-ci devient centripète ou discoïde (Fig. 2.1 et 2.2). En

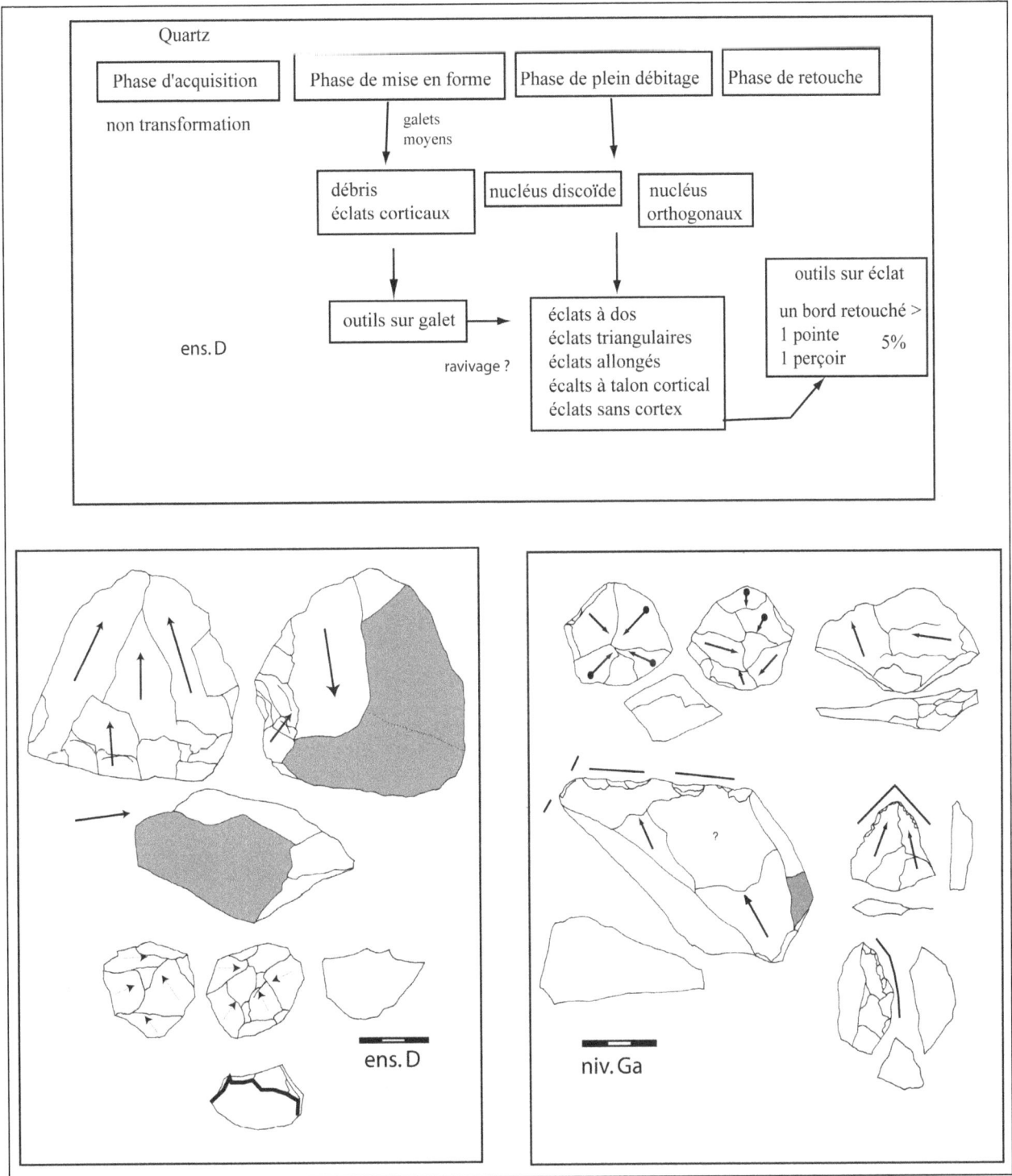

Fig. 2.2 – Chaîne opératoire du quartz (exemple de l'ensemble D), nucléus à une surface de débitage préférentielle et nucléus de type discoïde, éclat à dos, éclat à base large et tranchant distal, pointes

conséquence, les talons des éclats sont corticaux (entre 30,7 et 50,7%) ou lisses (entre 43,2 et 55,3%) et les négatifs d'enlèvement sont unipolaires (entre 69,5 et 86,1%) ou très rarement centripètes (environ 4%). Le grand nombre d'éclats à bords tranchants de bonne qualité, à dos naturels et la présence d'écrasements sur les arêtes indiquent que les éclats ont été utilisés préférentiellement bruts (Fig. 2.4).

Les éclats retouchés totalisent entre 8 et 13% des séries (y compris les fragments d'éclats retouchés). La plupart sont des encoches, denticulés et racloirs (Tab. 2.3). Les pointes et les racloirs convergents sont également fréquents, profitant des bords convergents triédriques que l'on peut observer aussi sur les éclats et les fragments bruts, surtout dans l'ensemble D (46% d'outils). Les pointes, nombreuses elles-aussi en silex, peuvent être considérées

Tab. 2.3 – Types d'outils en quartz et quartzite dans les différents niveaux d'occupation de Payre

	Ensemble G		Ensemble F		Ensemble D	
	Quartz	Quartzite	Quartz	Quartzite	Quartz	Quartzite
Encoche	1	1	1		1	
	7,14	14,29	10		9,09	
Denticulé		1	1		1	
		14,29	10		9,09	
Grattoir	1					
	7,14					
Racloir	4		4		3	
	28,57		40		27,27	
Bec	2			1		
	14,29			16,67		
Pointe	3	1	2		5	1
	21,43	14,29	20		45,45	50
Autre	1					
	7,14					
Perçoir			1			
			10			
Outil bifacial type hachereau	1	2		1		
	7,14	28,57		16,67		
Biface				2		
				33,33		
Pic			1	1		
			10	16,67		
Chopper	1	2		1	1	1
	7,14	28,57		16,67	9,09	50

comme un des types d'outils recherchés dans le site. Les écrasements de la pointe en témoignent (Fig. 2.4). Les quelques grands outils en quartz sont des choppers et des chopping-tools avec un bord tranchant convexe. La présence de quelques fragments anguleux avec des traces d'écrasements prononcés sur les arêtes suggère qu'il y a eu sélection de fragments naturels aptes à être utilisés directement pour des travaux de forte intensité.

Le quartzite

Le quartzite est également rare dans les assemblages à Payre. Il est encore plus rare que le quartz mais sa présence semble jouer un rôle spécifique dans la panoplie de l'outillage (Fig. 2.3). La prédominance de produits tels que les éclats ou les éclats brisés et la fréquence de grands éclats retouchés indiquent que les artefacts ont été apportés de l'extérieur, comme objets mobiles, vraisemblablement de la vallée du Rhône où cette roche est abondante sous forme de galets très volumineux (Tab. 2.2).

La très petite quantité de nucléus et l'absence de fragments confirment que l'exploitation du quartzite a eu lieu à l'extérieur de la cavité. Aucun petit éclat ne remonte par ailleurs sur les grands outils. Ils ne correspondent donc pas à un ravivage de ces outils.

Deux objectifs principaux dans l'exploitation ont été identifiés:

1. Des éclats avec de bons tranchants (couteaux naturels) ont été apportés sur place, bruts ou déjà retouchés. Le mode de débitage est unipolaire récurrent de manière à obtenir des éclats de grande ou de moyenne dimension avec des arêtes latérales ou distales. Ceci explique l'abondance des talons corticaux (86-66%) ou lisses (33,3-13,2%) et la disposition unipolaire des négatifs d'enlèvement. La gestion du quartzite est également ponctuellement basée sur un débitage périphérique des nucléus, surtout pour la production d'éclats de moyenne et petite dimension (méthodes centripète et discoïde).

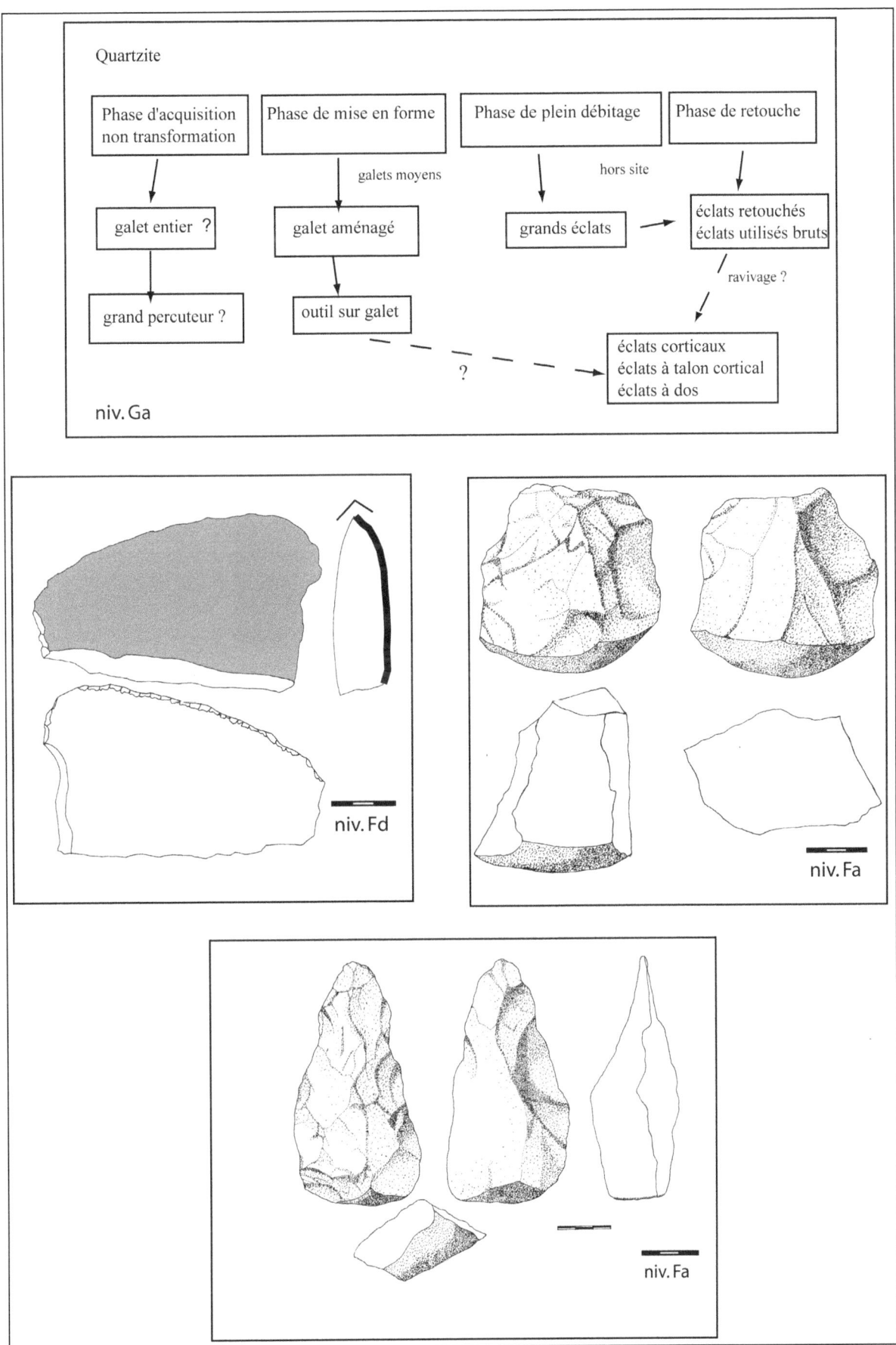

Fig. 2.3 – Chaîne opératoire du quartzite (exemple du niveau Ga), grand éclat cortical avec retouches distales, pièce nucléiforme (biface brisé, nucléus?), biface

Fig. 2.4 – Photos MEB à micro-échelle (x40) des secteurs portant des traces d'écrasement identifiables à macro-échelle: micro-traces d'utilisation sur a) un éclat en quartzite du niveau Gb, et b) une pointe en quartz du niveau Ga (XL 30 ESEM de Tautavel, photos B. Deniaux)

2. La seconde méthode a été uniquement identifiée sur le quartzite dans le site. Elle consiste en un recyclage d'outils bifaciaux par une gestion centripète.

Le quartzite est surtout présent dans les niveaux d'occupation sous forme de grands outils, en particulier de choppers, de bifaces, de hachereaux et de pics (Tab. 2.3). Très peu de petits outils ont été découverts dans cette roche. L'objectif principal est l'aménagement unifacial ou bifacial de bords distaux convexes ou de bords convergents d'artefacts de grande taille. La présence d'écrasements prononcés sur les arêtes indique des activités de forte intensité sur différents secteurs de l'outil, selon un angle de travail perpendiculaire ou dans l'axe du tranchant (Fig. 2.4).

Bien que le matériel archéologique paraisse homogène tout au long de la séquence, il est important de remarquer que la quantité d'outils de grande dimension en quartzite diminue au cours du temps (Tab. 2.3). Ces outils sont présents dans l'ensemble G et surtout dans l'ensemble F, alors qu'ils disparaissent dans l'ensemble D. L'existence de ces grands outils paraît indépendante à la présence de quartzite dans les occupations. De grands outils en basalte sont présents dans l'ensemble D. La fréquence de grands outillages en quartzite est constante entre les ensembles G et F (2 and 2,7%) mais décroit dans l'ensemble D (1,7%), alors que le quartz reste utilisé en même quantité.

SYTHÈSE

Les matériaux locaux que sont le quartz et le quartzite jouent un rôle complémentaire dans les niveaux d'occupation à Payre. Contrairement à d'autres sites paléolithiques, le quartz n'est pas relié à des chaînes opératoires de débitage complètes ou à des seules activités de percussion. Il y a par ailleurs une sélection d'éclats qui sont apportés dans le site. Le schéma d'exploitation est très homogène tout au long de la séquence et est orienté de manière à produire des artefacts avec de bonnes arêtes tranchantes selon une stratégie unipolaire sur une ou plusieurs surfaces de débitage. Quand la taille du nucléus a fortement diminué, la méthode discoïde est employée pour profiter au maximum du bloc. Aucune trace de débitage sur enclume n'a pu être constatée (Mourre, 2004). Si les parties fouillées sont représentatives, il semble que le débitage ait été très limité sur place, toujours sur de grands fragments anguleux (peut-être débités au bord de la rivière) et sur des nucléus sur éclat. La prédominance de bons éclats, le petit nombre de nucléus et de nombreux éclats retouchés permettent de supposer que le quartz est complémentaire au silex et reliée à des activités de "faible intensité".

Le quartzite a été employé en revanche pour la fabrication d'outils de grande taille, peut-être en raison de la petite taille des nodules de silex qui n'excède pas 10 cm en moyenne. Les quelques outils bifaciaux en silex sont en effet de petites pièces, excepté un grand éclat. Par ailleurs, les galets de basalte et de quartz ne sont pas adaptés morphologiquement pour un tel façonnage. La plupart des pièces en quartzite sont de grands éclats qui peuvent être retouchés, ou de petits éclats que l'on peut décrire comme des couteaux à dos naturel avec de bonnes arêtes tranchantes. On ne peut parler d'un débitage ponctuel sur quartzite que dans l'ensemble F, mais en relation avec le recyclage d'outils bifaciaux.

Une nette différence existe entre la gestion du quartz et du quartzite dans le site, surtout au niveau des objectifs, alors que le type d'approvisionnement est de même nature, à savoir une chaîne opératoire fragmentée et un apport de produits venant de l'extérieur. Le quartz est complémentaire au silex avec de petits artefacts bruts ou retouchés. Le quartzite est destiné à de grands outillages. Cette organisation implique que, lorsque certains grands outillages ne sont plus nécessaires, la part du quartzite décroît alors que celle du quartz reste constante. Le quartzite serait remplacé par le basalte dans une certaine mesure (quelques grandes pièces retouchés et surtout galets aménagés).

Malgré le grand laps de temps qui sépare la base et le sommet de la séquence (OIS 7 à 5), le comportement technologique ne se modifie pas: séquences de réduction et de configuration restent identiques au cours du temps. Le débitage de ces deux roches est toujours limité dans le site. Les artefacts ont été apportés systématiquement de l'extérieur (préparés devant la cavité ou au bord des cours d'eau les plus proches). L'enregistrement archéologique pourrait être le résultat d'occupations humaines courtes et répétitives, où des outils mobiles sont apportés et ensuite abandonnés, mais rien n'empêche de penser que le traitement de ces deux roches obéit à une habitude. Quoi qu'il en soit, les différentes étapes des chaînes opératoires sont en effet mieux représentées dans l'ensemble G, peut-être en relation avec des temps d'occupation qui vont de l'automne au printemps selon les données archéozoologiques (Moncel et al, 2002; Moncel, 2003). Les différences constatées entre les niveaux pourraient alors dues à des types de fonction du site et à la durée de fréquentation de ce même site. Alors que le traitement du quartz et et celui du quartzite restent identiques dans les ensembles G et F, la seule différence vers le sommet de la séquence est la baisse de fréquence des grands outils en quartzite au profit du basalte et la plus grande porportion de petits outils convergents dans l'ensemble D (occupation orientée vers la chasse aux cervidés?). Rien ne justifie en terme environnemental cette baisse dans l'utilisation du quartzite. Il s'agit donc bien plus d'un choix humain. Doit-on y voir un changement dans le type d'approvisionnement et surtout les espaces parcourus, privilégiant les abords de la Payre à très grande proximité de l'abri où le basalte peut être ramassé à profusion?

CONCLUSION

Les caractéristiques physiques du quartz sont souvent retenues pour expliquer l'abondance de cette roche dans certains sites où les modes de production sont souvent de type discoïde (Tönchesberg, La Borde, Coudoulous, Arago G, Külna ...) (Jaubert, 1990; Jaubert & Mourre, 1996; Jaubert, 1997; Geneste & Jaubert, 1999; Moncel & Neruda, 2000). Elles pourraient être idéales pour des travaux peu diversifiés si ce n'est la recherche de nombreux tranchants (Lemorini, 2000; Peresani et al., 2001), sinon être une roche accessoire pour des besoins ponctuels (Cotte-Saint-Brelad, Cannalettes, Mauran, ...) (Callow & Cornford, 1986; Farizy et al, 1994; Meignen et al, 1993). L'investissement technique est cependant en général plus faible alors qu'il est plus élaboré pour le silex (Jaubert et al, 1990: Moncel & Neruda, 2000). Le traitement a toujours lieu sur place sur des roches locales prélevées dans l'environnement immédiat.

C'est effectivement le cas à l'Abri des Pêcheurs qui permet d'observer une séquence qui est la seule à livrer dans la région des assemblages où le quartz est abondant. Les hommes ont ramassé des galets au pied du site. Leur traitement obéit aux même règles qu'à Payre, excepté que celui-ci s'est déroulé dans la cavité.

Certains sites livrent des témoignages d'un apport des seuls produits nécessaires, par exemple dans le site de Galeria (Espagne) où des indices de visites humaines ponctuelles et répétées se sont accumulées dans cette cavité considérée comme un lieu potentiel d'approvision-nement alimentaire (Ollé et al, 2005). Dans ce cas pré-sent, les chaînes opératoires sont partielles et les occu-pants ont apportés avec eux les outils "utiles", comme à la Combette où un campement de chasse temporaire a été enregistré dans un des niveaux (Texier et al, 1996).

A Payre, le traitement du silex et les données archéozoologiques donnent l'image au contraire d'occupations avec des activités diversifiées, de production et de consommation. Pourtant le quartz et le quartzite ont vraisemblablement été apportés pour la plupart de l'extérieur, et ceci en petite quantité, issus en grande majorité d'un débitage et destiné ensuite à un usage brut ou retouché sous forme de petits éclats ou de très grands éclats. Nous sommes donc devant un cas original où ces deux roches ont une fonction spécifique (forts écrasements) et complémentaire mais dont le traitement s'est déroulé à l'extérieur de la cavité.

Remerciements

Les fouilles du site de Payre se sont déroulées de 1990 à 2002 avec le soutien du Minsitère de la Culture et du Service Régional d'Archéologie Rhône-Alpes.

Arturo Lombera Hermida a reçu une bourse de la Caixa Galicia Foundation pour effectuer ce travail.

Bibliographie

CALLOW P. & CORNFORD J. M. (1986) *La cotte de St Brelade 1961-1978. Excavations by C.B.M. Mc Burney.* Cambridge: GeoBooks Edition.

DEBARD, E. (1988) *Le Quaternaire du Bas-Vivarais d'après l'étude des remplissages d'avens, de grottes et d'abris sous roche. Dynamique sédimentaire, paléoclimatique et chronologie,* Documents Laboratoire Géologie de Lyon, 103, 317 p.

EL HAZZAZI, N. (1998) *Paléoenvironnement et chronologie des sites du Pleistocène moyen et supérieur, Orgnac 3, Payre et Abri des Pêcheurs (Ardèche, France) d'après l'étude des rongeurs,* doctorat du Muséum National d'Histoire Naturelle, 246 p.

FARIZY C., DAVID F. & JAUBERT J. (Eds) (1994) Hommes et bisons du Paléolithique moyen à Mauran (Haute-Garonne), *Gallia Préhistoire*, Paris, XXXème suppl., 259 p.

FEBLOT-AUGUSTINS, J. (1993) Mobility Strategies in the Late Middle Palaeolithic of Central Europe and Western Europe: Elements of Stability and Variability. *Journal of Anthropological Archaeology* 12, p.211-265.

FEBLOT-AUGUSTINS, J. (1997) *La circulation des matières premières au Paléolithique.* E.R.A.U.L. 75, Liège, tome I: texte, 275 p., tome II: figures et tableaux.

GENESTE, J-M. & TURQ A. (1997) L'utilisation du quartz au Paléolithique moyen dans le nord-est du bassin Aquitain, *Préhistoire Anthropologie Méditerranéennes* 6, p.259-279.

GENESTE, J-M. & JAUBERT, J. (1999) Les sites paléolithiques à grands bovidés et les assemblages lithiques: chronologie, techno-économie et cultures. In: Brugal, J-P., Meignen, L., Patou-Mathis, M., (Éds.), Actes du colloque international: *Le Bison: gibier et moyen de subsistance des hommes du Paléolithique aux Paléoindiens des Grandes Plaines,* p.185-215, CNRS APDCA, Paris.

JAUBERT J. (Ed.) (1990) *Les chasseurs d'Aurochs de La Borde: un site du Paléolithique moyen (Livernon, Lot),* DAF 27, 158 p.

JAUBERT J. (1997) L'utilisation du quartz au Paléolithique inférieur et moyen, *Préhistoire Anthropologie Méditerranéennes* 6, p.239-259.

JAUBERT, J. & MOURRE, V. (1996) Coudoulous, Le Rescoundudou, Mauran: diversité des matières premières et variabilité des schémas de production d'éclats. In: Bietti, A, Grimaldi, S., (Eds.), *Proceedings of the International Round Table Reduction processes ("chaines operatoires") for the European Mousterian,* Rome, May 26-28 1995. Quaternaria Nova 6, p.313-341.

KALAI C., MONCEL M-H. & RENAULT-MISKOVSKY J. (2001) Le Paléoenvironnement végétal des occupations humaines de la grotte de Payre à la fin du Pléistocène moyen et au début du Pléistocène supérieur (Ardèche, France), *Trabajos de Prehistoria*, Madrid, Espagne, 58, n°1, p. 143-151.

LEMORINI, C. (2000) *Reconnaître des tactiques d'exploitation du milieu au Paléolithique moyen. La contribution de l'analyse fonctionnelle. Etude fonctionnelle des industries lithiques de Grotta Breuil (Latium, Italie) et de La Combette (Bonnieux, Vaucluse, France).* BAR International Series 858, BAR Publishing, Oxford.

LUMLEY H. DE & BARSKY D. (2004) Evolution des caractères technologiques et typologiques des industries lithiques dans la stratigraphie de la Caune de l'Arago, *L'Anthropologie,* Paris, vol. 108, p.189-237.

MASAOUDI H., FALGUERES C., BAHAIN J-J. et MONCEL M-H. (1997) – Datation du site Paléolithique moyen de Payre (Ardèche): nouvelles données radiométriques (méthodes U/Th et ESR), *CRAS*, t.324, série IIa, p.149-156.

MEIGNEN L. (Ed.) (1993) *L'abri des Canalettes. Un habitat moustérien sur les grands Causses (Nant, Aveyron). Fouilles 1980-1986.* CNRS Editions CRA n°10.

MONCEL, M-H. (2003) *L'exploitation de l'espace et la mobilité des groupes humains au travers des assemblages lithiques à la fin du Pléistocène moyen et au début du Pléistocène supérieur. La moyenne vallée du Rhône entre Drôme et Ardèche"*, BAR Series Internationales, S1184, 179 p.

MONCEL M-H. & CONDEMI S. (1996) Découverte de dents humaines dans le site Paléolithique moyen de Payre (Ardèche, France), *CRAS*, t.322, série IIa, p.251-257.

MONCEL M-H. & CONDEMI S. (1997) Des restes humains dans le site Paléolithique moyen ancien de Payre (Ardèche): dents et pariétal. Nouv. découvertes de 1996, *BSPF*, t.94, n°2, p.168-171.

MONCEL, M.-H. & NERUDA, P. (2000) The Külna level 11: Some Observation on the Debitage Rules and Aims. The originality of a Middle Palaeolithic microlithic assemblage (Külna cave, Czech Republic). *Anthropologie,* Brno XXXVIII/2, p.219-247.

MONCEL M-H., DEBARD E., DESCLAUX E., DUBOIS J-M., LAMARQUE F., PATOU-MATHIS M. & VILETTE P. (2002) Le cadre de vie des hommes du paléolithique moyen (stades isotopiques 6 et 5) dans le site de Payre (Rompon, Ardèche): d'une grotte à un abri sous roche effondré, *BSPF*, t.99, n°2, p.249-275.

MOURRE, V. (1996) Les industries en quartz au Paléolithique: terminologie, méthodologie et technologie. *Paléo* 8, p.205-223.

MOURRE, V. (1997) Industries en quartz: Précisions terminologiques dans les domaines de la pétrographie et de la technologie. *Préhistoire Anthropologie Méditerranéennes* 6, p.201-210.

MOURRE, V. (2004) Le débitage sur enclume au Paléolitique moyen dans le sud-ouest de la France, *in: Session: Paléolithique moyen,* Bar S1239, Actes de l'UISPP, Liège, p. 29-38.

OLLÉ A., CACERES I. & VERGÈS J-M. (2005) Human occupations at Galeria Site (Sierre de Atapuerca, Brugos, Spain) after the technological and taphonomical data, *Données récentes sur les modalités de peuplement et sur le cadre chronostratigraphique, géologique et paléoanthropologique des industries du Paléolithique inférieur et moyen en Europe,* colloque international de Rennes, septembre 2003, N. Molines, M-H. Moncel et J-L. Monnier Eds., BAR Series Internationales S1364, p. 269-281.

PERESANI, M., LEMORINI, C. & ROSSETI P. (2001) Premiers résultats d'une approche expérimentale intégrée de l'industrie lithique discoïde de la grotte de Fumane (Italie du Nord). In: Bourguignon, L., Ortega, I. et Frère-Sautot, M-C., (Éds.), *Préhistoire et approche expérimentale,* p.109-117, Editions Monique Mergoil, Montagnac.

TEXIER P-J, LEMORINI C., BRUGAL J-P. & WILSON L. (1996) Une activité de traitement des peaux dans l'habitat moustérien de La Combette (Bonnieux, Vaucluse, France), *Quaternaria Nova* VI, p. 369-392.

L'UTILISATION DU QUARTZITE DANS L'INDUSTRIE MOUSTÉRIENNE DE ZABRANI (BANAT, ROUMANIE)

Alain TUFFREAU, Emilie GOVAL, Bertrand LEFEVRE
Laboratoire de Préhistoire et Quaternaire, Université des Sciences et Technologies de Lille,
59655 Villeneuve d'Ascq cedex, France

Vasile BORONEANT
Museul de Istoria si Arta al Municipiuliu Bucaresti, Bd I.C. Bratinuz, 70058, Bucuresti, Romania

Adina BORONEANT, Adrian DOBOS, Gabi POPESCU
Institut d'Archéologie Vasile Parvan, Académie roumaine, 11, rue Henri Coanda, sector 1,
71119 Bucuresti 22, Romania

Abstract: More than the half of the raw material knapped in the open air site of Zabrani (Banat, Romenia) dated from the Last Early Glacial is represented by quartzite in spite of the presence of other raw materials. The majority of the flake-tools are in quartzite. The analysis of the reduction sequences according to the different raw materials gives information concerning the use of the quartzite (debitage, blanks, and end-products).
Key words: Quartzite, Middle Palaeolithic, Romenia

Résumé: Le quartzite représente plus de la moitié de la matière première utilisée dans la gisement de plein air de Zabrani (Banat, Roumanie) malgré la présence d'autres matières premières. Les outils ont été également été confectionnés de manière privilégiée en quartzite. L'analyse des chaînes opératoires permet de mieux comprendre l'utilisation du quartzite (débitage, supports, produits finis).
Mots clés: Quartzite, Paléolithique Moyen, Roumanie

Resumo: Apesar da presença de outras matérias-primas, o quartzito representa mais de metade da matéria-prima utilizada no sítio de ar livre de Zabrani (Banat, Roménia). A maior parte dos utensílios sobre lasca são em quartzito. A análise das cadeias operatórias aplicadas às distintas matérias-primas permite compreender melhor a exploração do quartzito (debitagem, suportes e produtos finais).
Palavras-chave: Quartzito, Paleolítico Médio, Roménia

INTRODUCTION

Les industries du Paléolithique moyen de la Roumanie proviennent de deux contextes bien différents, les grottes et les gisements de plein air. De nombreuses grottes des Carpates ont livré des industries moustériennes dont l'âge est attribué au Dernier Glaciaire (Cârciumaru, 1989; Paunescu, 2001). La matière première utilisée est dominée par le quartz, matière première la plus souvent utilisée dans les cavités karstiques des Carpates (Cârciumaru, 1999; Cârciumaru et Anghelinu; 2000, Moncel et al., 2002). En plein air, à la périphérie des Carpates, les gisements sont souvent en contexte loessique. Le matériel lithique, généralement en roche siliceuse, est attribuable à du Moustérien et à du Micoquien dont le contexte chronostratigraphique n'est pas toujours bien documenté.

L'étendue chronologique du Paléolithique moyen ne se limite pas au seul dernier cycle glaciaire comme on le présente encore souvent. Les loess du Pléistocène moyen sont bien développés en Moldavie et en Dobrogea. Ils peuvent contenir du matériel lithique paléolithique. Lors d'une fouille effectuée à Mitoc Valea Izvorului (Moldavie roumaine) en collaboration avec V. Chirica dans le cadre d'une mission archéologique française, des datations IRSL obtenues par S. Balescu sur un loess ont démontré l'existence d'une industrie moustérienne attribuable au stade isotopique 6. Les recherches menées à la grotte La Adam (Paunescu, 1999) ont montré également révélé la présence d'industries moustériennes remontant à la fin du Pléistocène moyen.

L'industrie lithique de Zabrani présente la particularité, pour un gisement de plein air, de comprendre une très forte composante de quartzite parmi les matières utilisées.

CONTEXTE ET CADRE STRATIGRAPHIQUE

Le gisement paléolithique de Zabrani se localise dans la partie septentrionale du Banat (sud-ouest de la Roumanie), sur la rive gauche de la vallée du Mures, non loin de son débouché sur la plaine de la Tisa. Il se situe sur une colline allongée (Dealul Pietrei) dominant la vallée du Mures au nord et entaillée au sud et à l'est par un petit cours d'eau (Paraul Guttenbrun) (46° 04' 51 N, 021° 33' 52 E, altitude: 148 m; relevés au GPS).

Des premières fouilles avaient été réalisées entre 1972 et 1973 par V. Boroneant (2002) à proximité d'une carrière ouverte à l'extrémité est du promontoire. Les profils

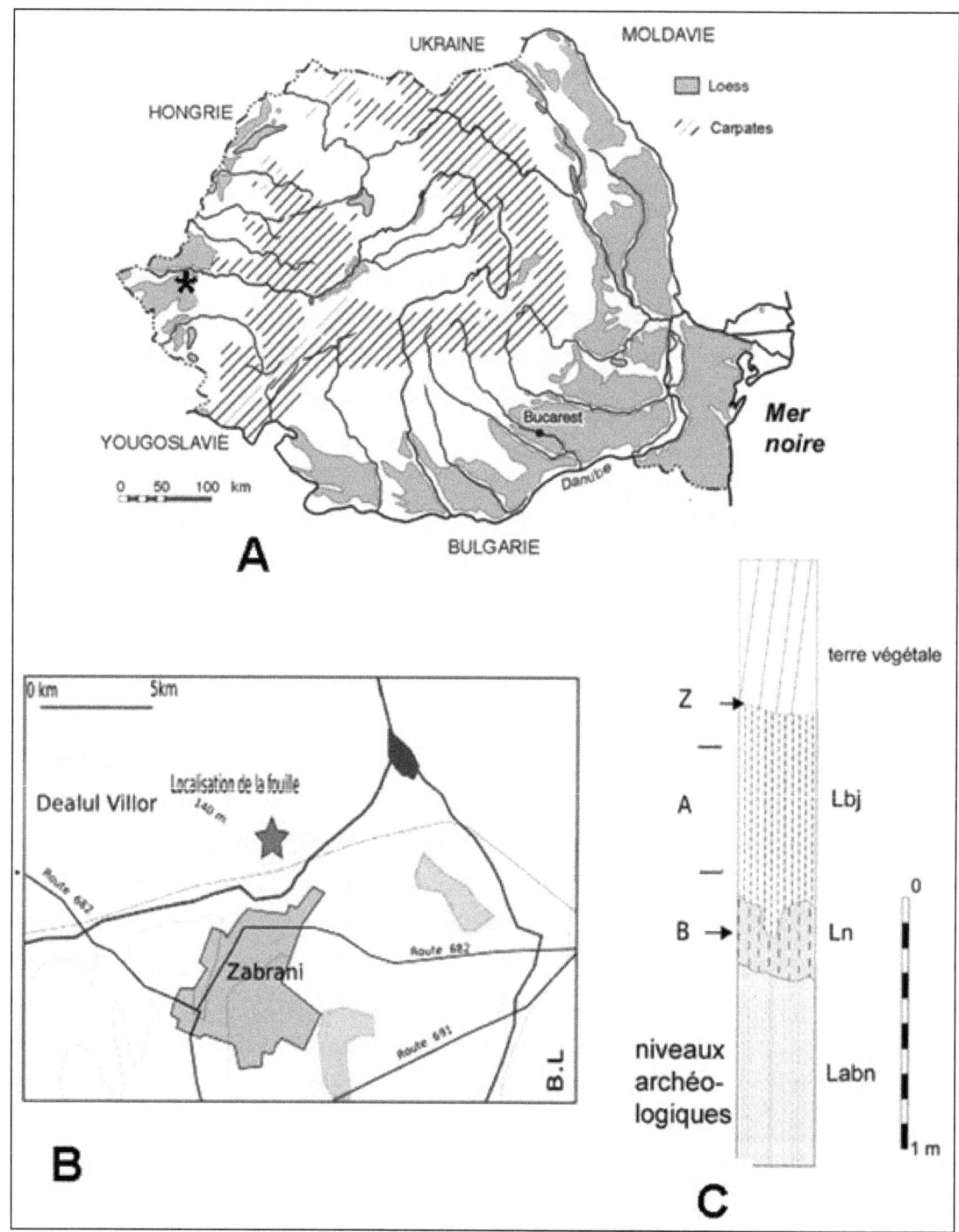

Fig. 3.1 – Zabrani: A – carte de la Roumanie (l'étoile indique la localisation de Zabrani);
B – localisation de la fouille; C – profil stratigraphique (légende détaillée dans le texte)

observables dans cette ancienne carrière montrent la présence de sables et de graviers lités d'origine fluviatile attribuables au Pannonien (Vigreux, 2004).

Une fouille couvrant une superficie de 50 m² ainsi qu'un sondage (S1) ont été effectués durant le mois de septembre 2003 à 30 mètres en arrière du front d'exploitation de l'ancienne carrière. En 2004, une surface de 18 m² a été fouillée de façon à résorber le rentrant du secteur fouillé en 2003 qui avait la forme d'un

L. Les mêmes niveaux ont été reconnus (Z: base du labour; A: limon brun jaunâtre, ép.: 0,30 à 0,40 m, observable sous le chernozem; B: limon brunâtre (Ln), de type sol brun forestier, ép.: 0,30 à 0,40 m, reposant sur un limon brun argileux (Labn) dont la pédogenèse a été attribuée au Dernier Interglaciaire).

Les niveaux Z, A et B ont livré un abondant matériel lithique moustérien. Quelques pièces ont également été mises au jour à la partie supérieure du limon Labn. Il n'a cependant pas été possible de déterminer si ces pièces appartiennent à un niveau archéologique bien individualisé (C) ou si elles ne représentent que les pièces les plus basses du niveau B car la limite entre le limon brunâtre contenant les pièces du niveau B et le limon Labn n'est pas toujours aisément déterminable. Quelques fragments osseux de molaires de *Mammuthus primigenius* (détermination P. Auguste) ont découverts dans le niveau B.

Une série de carottages a permis d'établir la géométrie des dépôts du versant de l'extrémité est du promontoire. La couverture limoneuse qui est d'une épaisseur de l'ordre d'un mètre dans l'ancien front de la carrière s'épaissit vers l'ouest. Une séquence de loess marquée par la présence d'un complexe de paléosols représentant le bilan du Début du Dernier Glaciaire (loess Ln), le Dernier Interglaciaire (Labn) et une pédogenèse du Pléistocène moyen (Lab) tapisse tout le promontoire séparant le vallon du Paraul Guttenbrun et la vallée du Mures. Cette couverture colmate une dépression affectant le substratum (Panonnien). En cet endroit, l'épaisseur des loess récents augmente nettement.

Le limon brunâtre (Ln) contenant le niveau archéologique B correspond à un pédocomplexe du début du Dernier Glaciaire (OIS 5). A l'emplacement de fouille, en bordure orientale du promontoire, il se situe à un demi-mètre de profondeur. Au niveau de la dépression colmatée, il est recouvert par deux mètres de loess récents de couleur brun jaunâtre à concrétions calcaires (Lbj).

Malheureusement, en l'absence de possibilité de disposer d'une pelle mécanique, il a été impossible d'entreprendre une fouille dans ce secteur au bilan sédimentaire beaucoup plus important.

LES DIFFÉRENTES SÉRIES LITHIQUES

Le matériel lithique provient de quatre niveaux:
- Z (base de la terre végétale en grande partie labourée);
- A (limon brun jaunâtre);
- B (limon brunâtre, de type sol brun forestier);
- C (partie supérieure du limon brun argileux Labn dont la pédogenèse a été attribuée au Dernier Interglaciaire)

Les assemblages des seuls niveaux Z, A et B ont été intégrés dans cette étude. En effet, le niveau archéologique C, situé à la limite entre le limon brunâtre et le limon argileux brun brunâtre n'a été fouillé que lors de la campagne 2004, sur une superficie restreinte. Seuls vingt artefacts ont été récoltés.

Les différentes catégories d'artefacts sont présentes dans des proportions similaires quel que soit le niveau archéologique fouillé. En effet, les supports de débitage représentent en moyenne 22% des assemblages, et les produits de débitage représentent en moyenne 70% des séries. On observe, cependant, quelques différences en terme de répartitions spatiales selon les années de fouille. Pour le niveau archéologique B, le secteur fouillé en 2004 est nettement moins riche en supports de débitage que la zone fouillée en 2003.

La série Z

Une chaîne opératoire à éclat a été identifiée au sein de l'assemblage Z. Cette chaîne opératoire est très fractionnée étant donné que beaucoup d'éléments sont absents de cette série (bloc de matière première, éclats d'entame, éclats corticaux).

Les pièces de cette série proviennent de la partie inférieure du chernozem. L'assemblage constitue la série la plus pauvre numériquement (107 pièces). Quatre types de matière première sont présents: le silex, le quartzite, le granite (une pièce), le basalte (une pièce). Les supports de débitage, au nombre de 23, présentent les dimensions suivantes: la longueur moyenne est de 45 mm, la largeur moyenne est de 39 mm, l'épaisseur moyenne est de 25 mm. Parmi les nucléus, quatre sont des fragments.

Pour les entiers, le schéma de production unipolaire est prédominant, un schéma de production centripète est représenté de manière secondaire. Seuls deux nucléus entiers possèdent une réserve corticale sur la face inférieure. La proportion de nucléus débités sur du

Tab. 3.1 – Zabrani: décompte général des séries lithiques par niveaux

		Niveau Z		Niveau A		Niveau B	
		Quantité	Pourcentage dans le niveau	Quantité	Pourcentage dans le niveau	Quantité	Pourcentage dans le niveau
TOTAL	Support de débitage	23	21	105	24	20	20
	Produits de débitage (dont les outils)	75	70	271	67	81	74
	Résidus et divers	9	8	29	9	7	6
	Série	107		405		108	

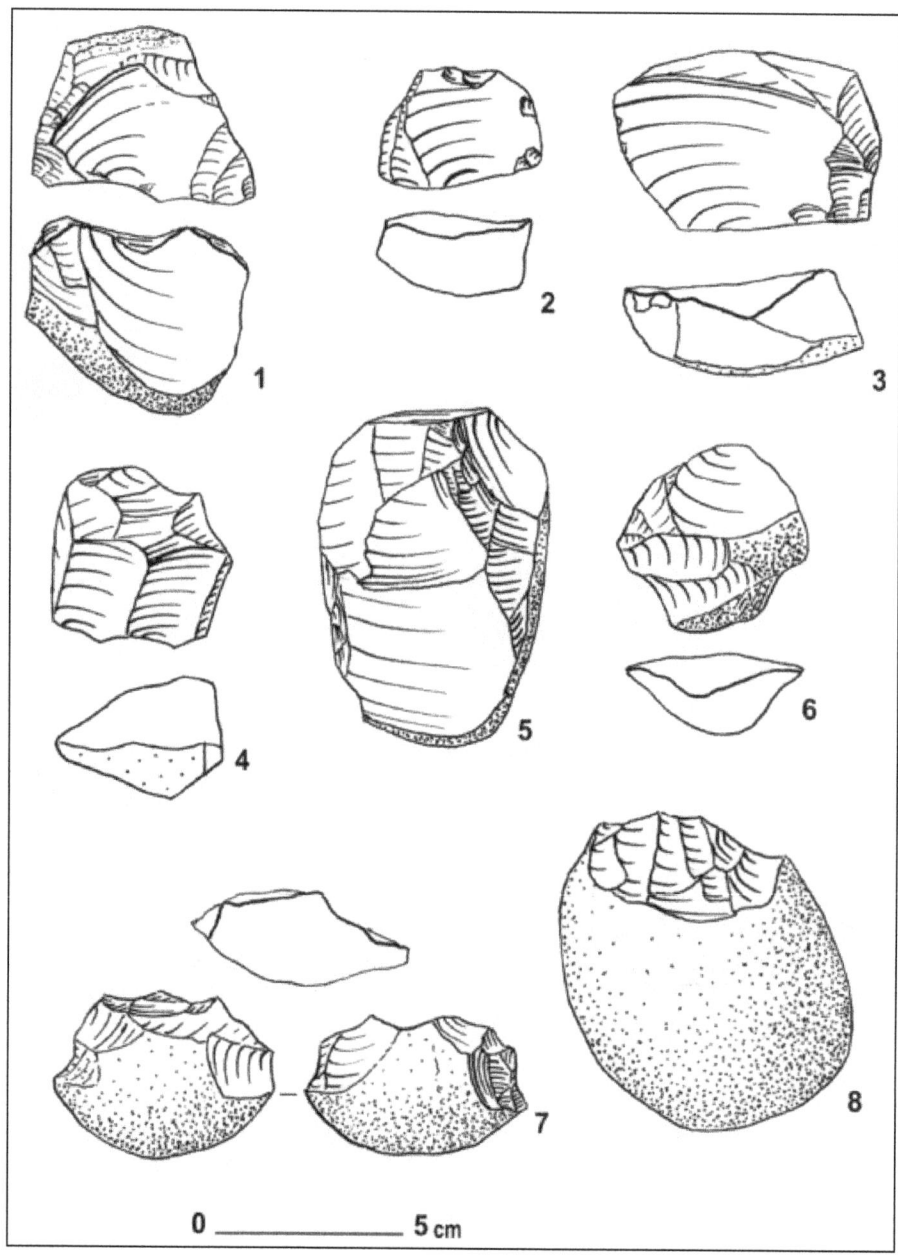

Fig. 3.2 – Zabrani. Niveau A: silex sauf 5 (phtanite) et 8 (jaspe)

quartzite est deux fois plus importante que pour ceux réalisés en silex.

Les produits de débitage du niveau archéologique Z sont très homogènes avec plus de 98% d'éclats. Il s'agit en grande majorité d'éclats de plein débitage. Précisons que 39% d'entre eux sont fracturés, ou en partie distale, ou en partie proximale. Soulignons également la présence d'une lame corticale en partie distale, et d'un couteau à dos naturel. Les types de talons sont très variés avec une prédominance nette des talons corticaux et des talons lisses, représentant 65% de l'ensemble.

Neuf outils ont été dénombrés, soit 8% de l'ensemble de la série. Il s'agit d'un chopping-tool, de deux encoches, quatre denticulés, et de deux racloirs.

La série A

Deux chaînes opératoires sont présentes au sein de la série A: une chaîne opératoire à éclat et une chaîne opératoire à lame. Dans les deux cas, de nombreux éléments qui les constituent sont absents.

Cette série est la plus riche numériquement, comprenant 405 pièces, soit une densité de 8 pièces par mètre carré. La variabilité de la matière première est très importante au sein de cette série (silex et quartzite en majorité mais aussi schiste, granite, basalte, gneiss). Les nucléus représentent 23% de l'assemblage (n = 105). Deux schémas de production ont été analysés: une production d'éclats à partir d'un schéma de production non-déterminé et un schéma de production de type discoïde.

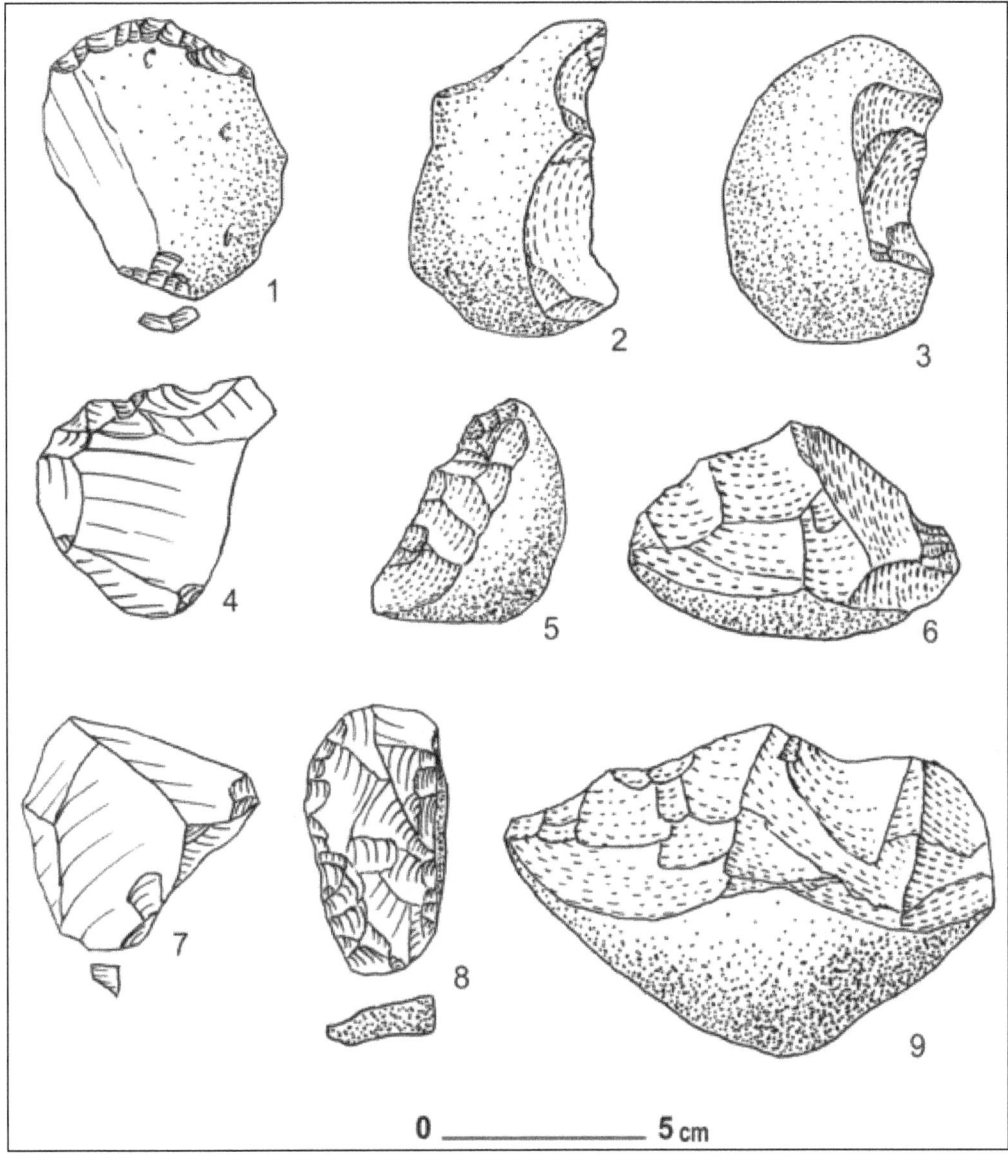

Fig. 3.3 – Zabrani: Niveau A – 1 à 6 et 9. B – 7 et 8. Quartz-2, 3, 5, 6 et 9. Silex – 1, 4, 5. Jaspe – 8

Dans le premier cas, les modalités d'exploitation sont différentes selon la matière première utilisée. Les nucléus ayant permis la production d'éclats à partir de bloc de silex sont systématiquement exploités à partir d'une modalité unipolaire, sur une seule face. Ils sont de dimensions très hétérogènes, le plus grand nucléus ayant une longueur de 90 mm, une largeur de 81 mm et une épaisseur de 40 mm. Les nucléus en quartzite présentent des modalités d'exploitation centripète et unipolaire, sur une ou deux surfaces de débitage. Un nucléus en grès et un nucléus en basalte ont également été récoltés ainsi qu'un nucléus laminaire en phtanite. Dans ce dernier cas, c'est la mise en place d'un plan de frappe qui a permis la production de lames à partir d'un schéma de production unipolaire.

Les produits obtenus sont très homogènes. Les éclats regroupent 97% de cet ensemble. Par ailleurs, nous avons dénombré six lames et une pointe. La présence d'une vingtaine d'éclats de préparation (tels que des couteaux à dos), d'un éclat d'entame et de trois pointes pseudo-Levallois peut être considérée comme l'indice d'un débitage effectué en partie sur place. Les éclats en quartzite sont marqués par la forte présence de talons corticaux, alors que ceux réalisés en silex présentent majoritairement des talons lisses (42% des cas). L'ensemble des éclats fracturés est débité dans du quartzite. Les propriétés mécaniques liées à ce type de matière première semblent en être la cause.

Cette série lithique est également très riche en outils retouchés (n = 35, soit 9% de l'assemblage). L'outillage sur éclat est mieux représenté que l'outillage sur bloc qui comprend deux choppers et quatre chopping-tools. L'outillage sur éclat est relativement varié, comportant seize racloirs, neuf denticulés, deux encoches, un grattoir et une pointe de Tayac. Plus de 60% des supports ayant servi à la confection de ces outils sont des supports de

Tab. 3.2 – Zabrani: décompte des outils par niveaux

Outils	Niveau Z Effectif	Niveau A effectif	Niveau B effectif
Chopper	0	2	4
Chopping-tool	1	4	0
Encoche	2	2	2
Denticulé	4	9	1
Racloir	2	16	3
Grattoir	0	1	0
Pointe de Tayac	0	1	0
Total	9	35	10

quartzite majoritairement corticaux. Il semble donc y avoir une gestion différentielle du quartzite et du silex pour l'outillage lithique de cette série.

La série B

Une chaîne opératoire à éclats est présente dans la série B. C'est une série assez pauvre numériquement avec 108 pièces soit 2 par mètre carré. Le silex et le quartzite sont les matières premières les plus représentées (respectivement 52% et 42% de l'assemblage). Le jaspe, le gneiss et le grès complète la série. Les nucléus sont au nombre de 20, soit 18,5% de l'assemblage. Les fragments de nucléus sont plus nombreux que de nucléus entiers (n = 8). Seul un schéma de production non-prédéterminé est présent, principalement à partir de modalités d'exploitation bipolaire et centripète. Ces nucléus sont débités sans indifféremment en silex et en quartzite.

Les produits de débitage, en majorité des éclats, représentent 71,5% de l'ensemble de la série. Cinq couteaux à dos et cinq lames sont également présents. La majorité des talons des éclats sont lisses. La production d'éclats en quartzite est largement prédominante.

La part de l'outillage est très importante au sein de l'assemblage, de l'ordre de 10%. Il comporte quatre outils réalisés sur bloc de type chopper et six outils sur éclats dont les supports sont pour la moitié d'entre eux des éclats semi-corticaux. On dénombre deux encoches, un denticulé et trois racloirs. L'un des racloirs est simple convexe, réalisé sur un support de jaspe.

UN PARAMÈTRE IMPORTANT SUR LE SITE DE ZABRANI : LA MATIÈRE PREMIÈRE

Le quartzite et le silex sont les deux matériaux dominants quelque soit le secteur fouillé et le niveau concerné. Les autres types de matériaux tels que le gneiss, le grès ou encore le jaspe et le basalte sont présents mais dans des proportions très faibles, jamais plus de 2%, quel que soit le niveau concerné.

Dans la série Z, l'ensemble des constituants de la chaîne opératoire a été débité aussi bien dans du quartzite que dans du silex. La proportion des supports de débitage est beaucoup plus élevée pour le quartzite (68%) que pour le silex (32%). Par ailleurs, on note que 54% des produits de débitage présents dans ce niveau ont été débités dans du quartzite, contre 46% en silex. Les supports de débitage en quartzite semblent donc livrer beaucoup moins d'éclats que les nucléus en silex.

Dans la série A, la matière première est beaucoup plus diversifiée. Néanmoins, là encore, le quartzite et le silex restent les matériaux largement prédominants. Par ailleurs, contrairement à ce que l'on observe dans la série Z, les produits de débitage sont majoritairement en silex alors que les supports de débitage en quartzite (75%) sont plus nombreux que ceux en silex (14%). De plus, on remarque la présence de produits de débitage en grès, en gneiss ou en jaspe, matières premières qui ne sont pas représentées pour les nucleus. Cette particularité peut résulter d'un échantillonnage trop restreint, d'une importation de ces produits de débitage ou encore d'une exportation des nucleus concernés.

La répartition de la matière première dans la série B est encore différente des deux précédentes. La tendance générale est toujours la même, à savoir, les artefacts sont débités, dans leur majorité, dans du quartzite et du silex. Mais dans ce niveau, le débitage a été réalisé indifféremment dans ces deux matières premières. On note également, comme dans les séries Z et A, la présence de produits de débitage en grès ou en gneiss mais ces roches ne sont pas représentées parmi les nucléus. Il ne s'agit que des pièces isolées au sein des assemblages.

Les outils sur bloc (chopper et chopping-tool) sont débités majoritairement dans du quartzite et ceci quelque soit le niveau archéologique. Le silex n'en est pas pour autant exclu dans les séries A et B, mais il semble être utilisé de manière secondaire. Néanmoins, quel que soit le niveau c'est également le quartzite qui est privilégié dans le façonnage des outils sur éclats. En effet, pour le niveau A, deux outils sur trois ont pour support un éclat de quartzite. Là encore, le silex reste présent dans de larges

Tab. 3.3 – Zabrani: type de matière première (toutes les pièces n'ont pas systématiquement été identifiées)

NOMBRE		Quartzite	Silex	Grès	Basalte	Gneiss / Jaspe
NIVEAU A	Nucléus	51	28	1	1	0
	Produit de débitage	113	125	3	2	2
NIVEAU B	Nucléus	9	9	0	0	0
	Produit de débitage	37	36	1	2	0

POURCENTAGE		Quartzite	Silex	Grès	Basalte	Gneiss / Jaspe
NIVEAU A	Nucléus	63	35	1	1	0
	Produit de débitage	46	51	1	1	1
NIVEAU B	Nucléus	50	50	0	0	0
	Produit de débitage	49	48	1	2	0

Tab. 3.4 – Zabrani: variabilité de l'outillage en fonction de la matière première selon les niveaux archéologiques Z, A et B

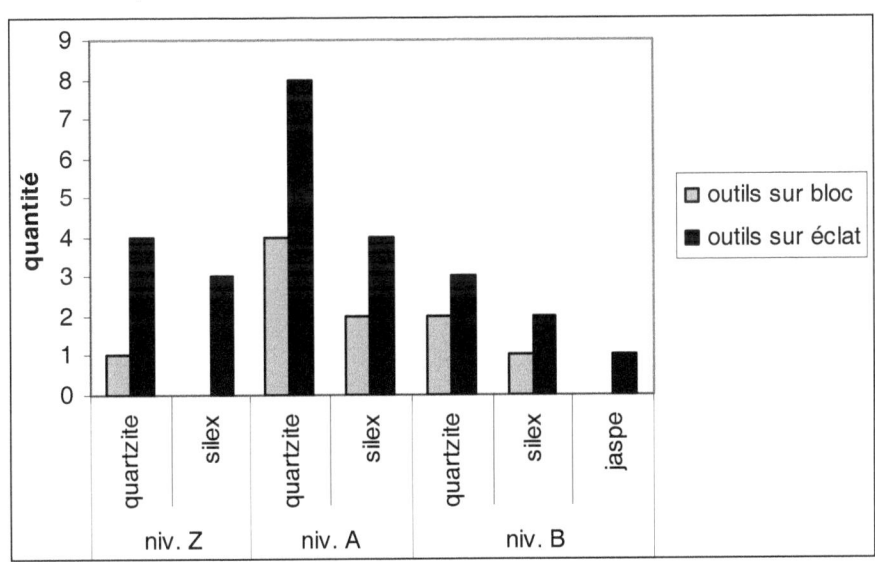

proportions. Cependant, aucune corrélation entre le type d'outil et le type de matière première n'a été constatée. Le quartzite semble donc avoir permis la confection d'outils similaires à ceux fabriqués en silex. Il est important enfin de remarquer que la série B a fournit un outil sur éclat de jaspe, il s'agit d'un racloir simple convexe.

CONCLUSION

Le gisement de Zabrani montre la présence d'une industrie moustérienne attribuable au début du Dernier Glaciaire. Elle correspond à un site de plein air où ont été trouvés quelques restes dentaires de Mammouth. Le quartzite occupe une place très importante parmi les matières premières. Son utilisation a été privilégiée pour les outils sur éclat et elle prédomine massivement pour les outils sur bloc. Cependant, d'autres matières premières, dont des roches siliceuses, étaient disponibles sur place. En dehors des contextes karstiques des Carpates le quartzite est très présent dans des industries moustériennes des sites de plein air du Banat, alors que d'autres matières premières sont disponibles. Il en est ainsi dans le gisement de Cladova, situé dans les escarpements dominant la rive droite du Mures, à quelques kilomètres au nord de Zabrani (Boroneant, 1991). Malheureusement, les données numériques manquent pour mieux apprécier la part prise par le quartzite dans les industries lithiques des sites de plein air du Banat.

Bibliographie

BALESCU, S., LAMOTHE, M., MERCIER, N., HUOT, S., BALTEANU, D., BILLARD, A. and HUS, J. (2003) Luminescence chronology of Pleistocene loess deposits from Romania: testing methods of age correction for anomalous fading in alkali feldspars, *Quaternary Geochronology* 22/10-13, p. 967-973.

BORONEANT V. (1991) L'Acheuléen supérieur de Cladova (Roumanie) et la question du paléolithique quartzite. *Anthropologie*, XXIX, 1-2, p. 29-43, 11 fig.

BORONEANT V. (2002) Paleoliticul de la Zabrani. *Ziridava*, XXIII, p. 13-52, 13 pl.

CARCIUMARU M. (1999) *Le Paléolithique en Roumanie*. Grenoble, 236 p., 101 fig. h.t.

CÂRCIUMARU M. et ANGHELINU M. (2000) The Carpathian Mousterian and the Transition from Middle to Upper Palaeolithic in Southern Romania., *Neanderthals and Modern Humans. Discussing the transition. Central and Eastern Europe from 50.000 – 30.000 B.P.*, Neanderthal Museum, p. 190-195, 1 fig.

MONCEL M.-H., CARCIUMARU M. et ANGHELINU M. (2002) Le Paléolithique moyen des Carpates méridionales (Roumanie et la grotte Cioarei-Borosten). *Anthropologie*, XL, p. 1-32, 9 fig.

PAUNESCU A. (1999) *Paleoliticul şi mezoliticul de pe teritoriul Dobrodgei*. Vol. II, Bucarest, ed. Satya Sai, 241 p., 84 fig.

PAUNESCU A. (2001) *Paleoliticul şi Mezoliticul din spaţiul transilvan*, Bucarest, 574 p., 246 fig.

VIGREUX TH. (2004) *Sédimentologie et géodynamique dans la vallée du Mures*, rapport de Maîtrise des Sciences de la Terre et de l'Univers, Univ. Sciences Techn. Lille, 25 p.

THE EXPLOITATION OF QUARTZITE IN LAYER 5 (MOUSTERIAN) OF SCLADINA CAVE (WALLONIA, BELGIUM): FLEXIBILITY AND DYNAMICS OF CONCEPTS OF DEBITAGE IN THE MIDDLE PALAEOLITHIC

Kevin Di MODICA

Archéologie Andennaise asbl – Université de Liège, Rue Fond des Vaux 339d, 5300 Sclayn-Andenne, Belgium,
Kevin_dimodica@yahoo.fr

Dominique BONJEAN

Archéologie Andennaise asbl, Rue Fond des Vaux 339d, 5300 Sclayn-Andenne, Belgium,
Scladina@swing.be

Abstract: This study concerns the management of the quartzite pebbles collected close to the site. Approximately fifty refits in a single series permit the reconstruction of the morphology of the core and the description of the technological treatment applied to it. The most complete refit series shows the coexistence of several methods of debitage on this raw material alone; but, also, their succession in the same block. The series provides evidence of a flexibility of concepts of debitage and evidence of dynamic relations between these concepts. Quartzite is the object of special treatment according to several criteria: economic, since flint is not available in the local environment of the cave; morphometric, the production is conditioned by the precise choice in the selection of the blocks; petrology, the nature of the material does not allow the knapper the same important liberty in knapping as flint permits.
Key Words: Mousterian, Scladina, Belgium, pebbles, chaîne opératoire

Résumé: Cette étude concerne la gestion des galets de quartzite récoltés à proximité du site. Une cinquantaine de remontages permettent de reconstituer la morphologie des blocs de départ et de décrypter le traitement technologique qui leur fut appliqué. Les remontages les plus complets témoignent de la coexistence de plusieurs méthodes de débitage sur cette matière première, mais aussi de leur succession au sein d'un même bloc. La série met donc particulièrement en évidence la flexibilité des concepts de débitage et les relations dynamiques qu'ils entretiennent. Le quartzite est traité spécifiquement selon plusieurs critères. Economiques, puisque le silex est absent à proximité de la grotte; Morphométriques, la production étant conditionnée par des choix précis dans la sélection des bloc; Pétrologiques, le matériau étant plus contraignant que le silex.
Mots-clés: Moustérien, Scladina, Belgique, galets, chaînes opératoires

Resumo: Este estudo diz respeito à gestão de seixos de quartzito recolhidos na proximidade do sítio arqueológico. Cerca de 50 remontagens permitem reconstruir a morfologia dos blocos originais, bem como descrever o seu tratamento tecnológico. As remontagens mais completas testemunham a coexistência de vários métodos de debitagem aplicados a esta matéria – prima, mas também a sua sequência na exploração do mesmo bloco. Esta série evidencia a flexibilidade dos conceitos de debitagem e as suas relações dinâmicas, sendo o quartzito explorado especificamente de acordo com vários critérios: económicos, uma vez que o sílex não se encontra na proximidade da gruta; morfométricos, já que a produção é condicionada por uma escolha precisa do bloco; petrográficos, porque esta matéria-prima apresenta mais constrangimentos do que o sílex.
Palavras-chave: Musteriense, Scladina, Seixos, cadeias operatórias

INTRODUCTION

The lithic industry of layer 5 of Scladina Cave (Sclayn, Prov. of Namur, Belgium) actually constitutes the most efficient tool for understanding the Mousterian settlement in the Mosan Basin. The excavations of this level, initiated in 1978, have permitted the exhaustive collection of, at present, thirteen thousand two hundred fifty four (13.254) artefacts (Otte and Bonjean, 1998) with a constant refinement of the recording of the stratigraphic context. Today, research on the lithic industry continues both in the field and in the collection.

New excavations are actually underway in layer 5. The goal of these excavations is to determine more precisely the position and mode of deposition of the artefacts within the sedimentary microvariations recently noted in layer 5 of Scladina. Consequently, these new observations, undertaken for a broader understanding of sedimentary deposits at the entrances of Belgian caves, allows for the refinement of the chronological resolution and the palaeoenviroment of the occupation (S. Pirson, thesis in progress. For a glimpse, see Pirson *et al*, 2004; Pirson *et al*, 2005).

In the laboratory, an exhaustive study of the whole lithic industry is going to be started. The first overall observations of the material (see for example Otte *et al*, 1998) indicate evidence of the use of several raw materials and the coexistence of several *chaînes opératoires*. The point now is to describe more closely the variability of the Mousterian behaviour at Scladina before integrating the Scladina evidence into a broader regional perspective (K. Di Modica, thesis in progress). In practical terms and for the first time, the industry is not treated in its entirety. Our preliminary observations of the

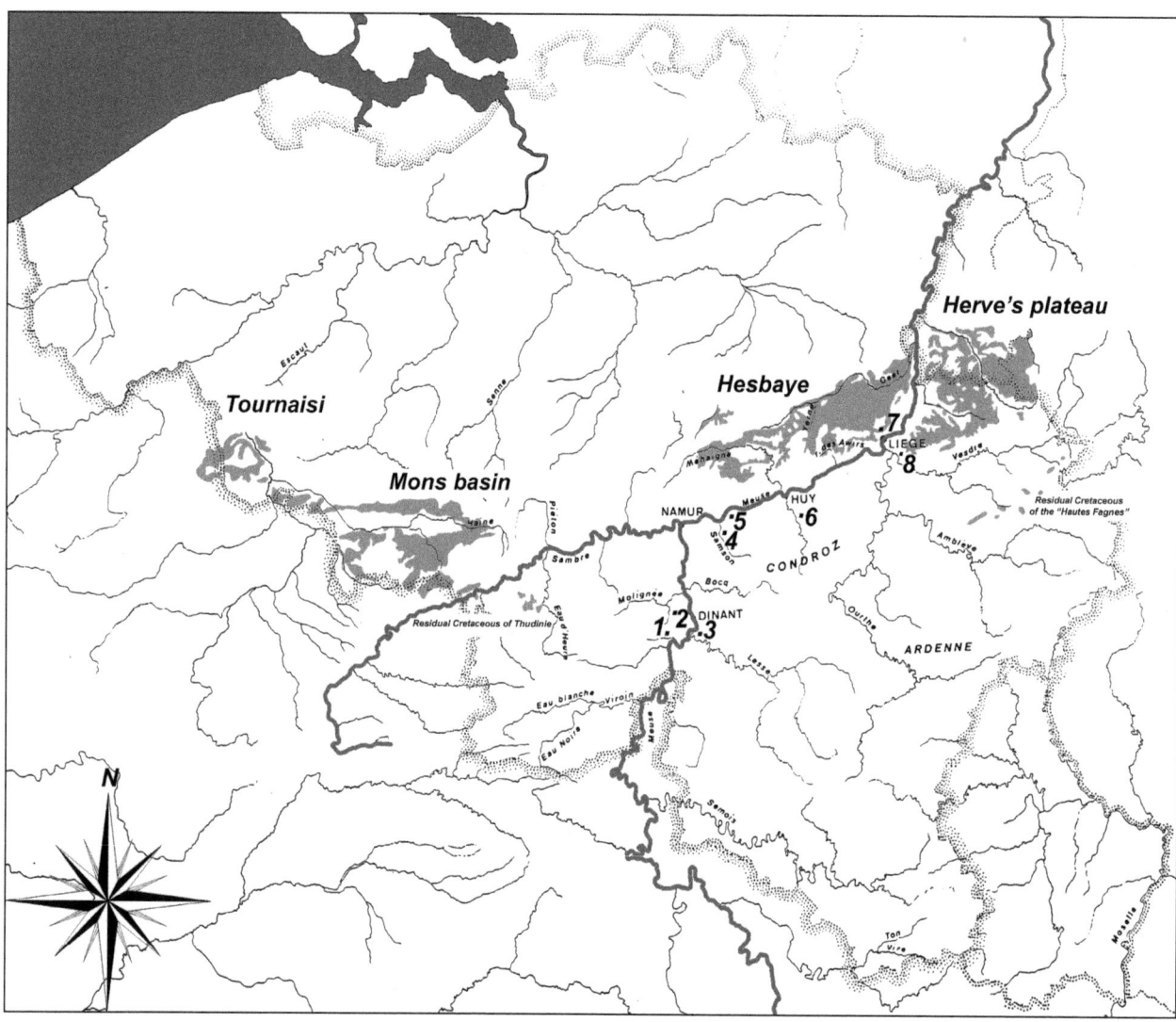

Fig. 4.1 – Localization of Scladina Cave and others Middle Palaeolithic sites where quartzite has been used.
1. Trou du Diable; 2. Trou du Sureau; 3. Trou Magrite; 4. Goyet Caves; 5. Scladina Cave; 6. Trou Al'Wesse; 7. Sainte Walburge Palaeolithic site; 8. Bay Bonnet Caves. Are also represented Sambre and Meuse Rivers and Cretaceous outcrops from Belgium (modified since Caspar, 1984)

material clearly demonstrate a greater variability in the technical behaviour than previously described (Otte *et al*, 1998). Therefore, a specific analysis of each of the raw materials is being undertaken to determine the appropriate subtleties of each assemblage. Secondarily, results obtained in this manner will permit a complete analytical overview of Mousterian behaviour in layer 5 of Scladina.

The first results of this study concern production in quartzite and more specifically techniques of debitage. The numerous refits we have carried out constitute a tremendous method for understanding several issues. The refits permit the consideration of the exploited block morphology and its impact on production as well as the subtleties of the *chaînes opératoires* and the relationship maintained between morphology and *chaînes opératoires*. Integrated into a broader perspective, quartzite products relate back to a specific management of raw materials according not only to the availability of different exploited materials, but also to their intrinsic properties (block morphology, homogeneity, fitness for debitage, hardness, granulometry).

THE RAW MATERIAL

The local environment of the site is divided into two, more or less equal, parts by the Meuse River: north and south. The geological substrate primarily consists of Palaeozoic formations (Carboniferous, Devonian, and Silurian Periods) and of some gravel layers from the Tertiary. Finally, a small Cretaceous plate not exceeding 600 meters is located on the north side of the Meuse, approximately 2.500 meters from the site. Nevertheless, the first local supply source was most probably the vast Cretaceous outcrops of the Hesbaye Plateau, the region situated beyond the Meuse at least 7 km north of the cave (*Cf.* Carte géologique de la Belgique, feuille n° 145).

The exploitation of local material outcrops (limestone and Visean chert) and of alluvial pebbles (quartz and quartzite) therefore compensated for this deficiency in local sources of flint. In regards to the Middle Palaeolithic sites of Belgium, Cretaceous flint was exploited almost exclusively when it was naturally available in the local environment of the sites (less than 5 km and without water courses to cross). The absence of flint, in some cases, generated the use of other local materials, notably to conserve the stock of imported flint.

Orthoquartzite (in the sense of Foucault and Raoult, 2005) is available in the proximity of the site in the form of pebbles from either the banks of the Meuse (located about 300 meters from the site) or from the ancient alluvial terrace (located at a distance of no more than 50 meters from the site). The dimensions and morphology of the pebbles found in close proximity to the site vary strongly as verified by the numerous pebbles recovered from non-anthropic layers of Scladina and from several surveys. On the other hand, those pebbles selected for the production of artefacts were chosen from within this broad range. The selected blocks were primarily ovoid or spherical in shape with dimensions between 6 to 15 cm maximum length. By contrast, none of the selected blocks indicated a detectable preference for texture (sometimes fine, sometimes coarse) or for the colour of the material (different shades of grey, pink, or red).

Three pebbles (grey-green, light grey, and dark grey) possessed a different morphology: the blocks were parallelepipedal with rounded angles.

Some specific varieties of quartzite were favoured for connection ("rapprochements" in the sense of Bordes, 2000; cit. by. Porraz, 2005) and refitting of pieces. Today, these reconstructed blocks permit the consideration of gaps in some of the refits as a real absence in the actual collection as no other pieces could be reapplied to them.

THE COLLECTION

The series is composed of 763 pieces if 21 additional pebbles of raw material are included: those in which the anthropic origins are not assured (n=15); those which served exclusively as hammers (n=4), and those which are only tested (n=2). For the assemblage of artefacts, 157 could be reassembled comprising 50 refits of two to ten pieces.

In parallel to the general inventory which monitors the Scladina collections, the ensemble of lithic material was subdivided in accordance with the raw material and was specifically recorded. A series of identifiers were applied to the material and were composed of an abbreviation of the primary material (Qt in the case of quartzite) and a continuous numerical ordering. Each code thus created (Qt-123 for example) relates either to a group of pieces (of similar aspects or reassembled) or to an isolated piece which presents a noteworthy character (nucleus or hammer, for example).

In a desire for clarity, each piece described in this study will be called by its registration number in order to establish a complete one to one correspondence between the material and the published results. This system will also be applied in subsequent studies. (all the illustrations in this papers, it's avai-lable on the website of Scladina: www.scladina.be/lithic).

THE REFITS

Twelve refits in particular permit the interpretation of the *chaînes opératoires* either because they are complete or because they show evidence of certain technical characteristics. These refits demonstrate the co-existence of three standardized conceptions of a much more flexible debitage where the gestures are relatively unpredictable and directed toward the production of rough slices without any concern for morphological standardization of the blanks. Two of these refits also showed the application of different *chaînes opératoires* on certain pebbles.

Alternating perpendicular debitage on two surfaces

The Qt-87 refit series presents a very complete succession thanks to nine pieces. The quartzite pebble was first split in two (widthwise), by percussion producing two half cores which were subjected to separate exploitation. One of the two halves was attested to by only one flake which fit on the second part. Therefore, the half pebble constituting the nucleus of this flake is totally absent from the collection.

The exploitation of the second half of the pebble is initialized by the detachment of three flakes, marked by two negatives and a distal fragment of a flake produced in part from the platform freed by the first impact. These slender products precede the production from the same striking platform of a massive flake, which opens a broad surface for flaking (surface A) forming an angle of approximately 85° with the surface of the striking platform (surface B). The preparation of the butt of this very exceptional flake on this material is interpreted as a thinning down of the bulb resulting from the initial impact.

The following removals, marked by three negatives and a flake, are detached on surface B from surface A. The flake (56 mm maximum length) illustrates the production of asymmetrical products at the same time as the installation of technical criteria in preparation for the following phase of debitage on surface A.

Two asymmetric flakes with a back mark the final phase of debitage prior to the abandonment of the nucleus after several failed attempts (noted by a refit series and six fractures on the nucleus).

Refit series Qt-63 recreates a parallelepipedal pebble with rounded angles of moderate dimensions (around 7 cm on the side). The first flake struck initializes the production on surface A benefiting from the rounded angles. This massive flake follows a plan of pre-existing weakness in the pebble. The second flake, asymmetric and possessing a large cortical butt, had been detached in the same way and from the same curve. A third removal from the same surface ended the sequence of debitage on surface A.

Three removals noted by two negatives and a reassembled piece, were subsequently detached from surface B. The reassembled flake is a massive cortical removal, preceded by three fruitless attempts, marked by negatives which created an angle of approximately 80° between the two surfaces. The ensuing two removals were hinged which probably justified the abandonment of the nucleus at this stage of production.

Finally, several flakes on surface B, removed from a third surface were not successful in initiating a new sequence of production. Their position in the *chaîne opératoire* occurred sometime between the first sequence of debitage on surface A and the abandonment of the nucleus.

Refit series Qt-64 shows a series of four removals detached from the same surface (A). The butt of the last flake is not positioned against the surface exploited as the striking platform on surface A but farther behind the middle of the block of raw material which involved the removal of one or several flakes on a second surface B using the first surface (A) as the striking platform.

The Qt-106 refit series shows a sequence of removals on only one surface. The presence of the negative of a perpendicularly removed cortical flake indicated the initiation of debitage on the second surface.

Unifacial debitage

Refit series Qt-91 contains three pieces and marks a sequence of five flakes removed from the same single striking platform developed by the removal of at least one flake started from the cortical surface. The flake products were asymmetrical, elongated, relatively large in size (67, 83, and 94 mm), and with a sharp edge opposing a cortical back.

The Qt-100 refit series is composed of four pieces and is marked by a sequence of 10 centripetal removals on the same surface. The products are slightly asymmetrical and a centripetal modality permits the combination of flake production and the maintenance of convexities on the surface of debitage without going through a specific sequence of preparation.

On the Qt-65 series, four pieces show a management of the surface of debitage similar to that of Qt-100. Four of the pieces show a large cortical butt in opposition to a sharp edge and the last shows a cortical back.

Unipolar debitage in slices

The Qt-85 refit series illustrates the exploitation of an ovoid pebble on a single surface in a unipolar mode. We have distinguished it from other unifacially knapped pebbles by the morphology of the block used, the unipolar modality, and the angulations between the surface of the striking platform and the surface of debitage.

The pebble presents a flat, ellipsoidal morphology. The widest ellipse (determined by the intersection of the ellipsoidal and the plane passing through the longer and the larger axis of the ellipse) attracted the knapper who used it like a single surface of a striking platform throughout the production.

At least four flakes had been removed from the nucleus, of which three were marked by reassembled pieces. The sequence of production is initialized by the detachment of one or several flakes which created a surface of debitage. The angle with the striking platform is around 60° and varied little during the exploitation.

In regards to the reapplied flakes, all had been broken in two according to their length at the moment of debitage (Siret accidents). The pieces which came from this block are easy to isolate, according to the specific colour, but only one refit series between two parts of a flake can be done.

Important crushing scars on the surface of the striking platform of the nucleus, located approximately 1 cm from the ledge, were interpreted as aborted attempts of debitage for a final removal before the abandonment of the nucleus. The concentration and importance of the scars of percussion demonstrate a very high precision of movement, all the more remarkable in view of the nature of the material and the size of the reduced nucleus which obliged the knapper to strike with strength in the immediate proximity of his fingers.

The morphology of the flakes removed from this block is asymmetrical with rough edges opposing a large, curved, thin cortical back.

The succession of concepts of debitage within a single block

Refit series Qt-84 revealed a block for which the morphology was almost complete thanks to nine pieces. The sequence was initialized by a flake perpendicular to the length of the pebble in order to remove the top cortex. This surface served as the striking platform for the detachment of four unipolar removals which started the debitage on the surface A. Two flakes, marked by their negatives, and two others, reassembled, illustrated debitage on surface B from the same surface A. In this way, the first phase of debitage operated on two perpendicular surfaces which alternately served as the striking platform and the surface of debitage. The flake products on surface A are longer than those on surface B.

A gap in the refit series prevents the capture of the passage of debitage to a single surface, no doubt consecutive with the opening of the angle formed by surfaces A and B. This last then becomes a unique surface of debitage and the periphery of the pebble becomes a preparation surface for the striking platform showing six negatives and a reassembled flake which testifies to a cursory preparation of the striking platform.

The Qt-111 refit series brings together 9 flakes on their nucleus, which allows the comprehension of all the nuances of its exploitation (fig. 4.1). A first thick, cortical flake was removed from the nucleus in order to establish a surface of debitage forming an angle of approximately 60° with the surface of the striking platform used (surface A). The weak opening of the angle thus initiated a debitage in slices which render three of the first reassembled flakes and two removals. All the flakes were products of a unipolar mode on surface A. The four first attempts of debitage are failures and only the last removal produces a piece of large size (71 mm maximum length), asymmetric, with sharp edge opposing a cortical back. This flake also permits the clearing of a new surface of which the angle to the striking platform reaches 70°.

This angle continues to open with the debitage to attain 80° to 90°. From this point the pebble is exploited in a multidirectional manner.

Finally, a last series of flakes is removed on two perpendicular surfaces in alternation. A cortical flake shows the start of debitage on surface B, preceding two new removals from surface A and two others on surface B. At this stage of debitage, the two surfaces served alternately as the striking platform and as the surface of debitage in a unidirectional fashion.

Some crushing scars visible on the cortical bottom of the pebble also marked a usage as a hammer probably after its exploitation as a core.

This nucleus marks the succession of three concepts of debitage. Unipolar debitage in slices which reflects the first phase of reduction gives way to a multidirectional debitage following the gradual opening of the angle formed by the cortical striking platform and the surface of debitage. Finally, a technical breakdown is observed at the end of the second phase with exploitation on two perpendicular alternate surfaces. Therefore, this reduction sequence illustrates a wonderful flexibility of concepts and their successive application in a close relationship with the morphological evolution of the nucleus.

Debitage without apparent organization

Three refits (4, 5, and 9 pieces respectively) are achieved in some of the material for which the colour was particularly favoured and unfortunately with an apparent absence of an organization of debitage.

The first (Qt-86) shows a debitage of three flakes from a plane of the cortical surface. The production had been abandoned as soon as the natural striking platform was too reduced as marked by the nucleus.

The second (Qt-88) shows exploitation of a block for which the morphology is relatively quadrangular. The debitage of the first flake freed a surface used as a striking platform for the removal of two massive, cortical flakes on a perpendicular surface. One reassembled piece shows that subsequently, a cortical surface perpendicular to the first striking platform had been exploited for the detachment of flakes whose orientation also perpendicular to the direction of the first debitage. Thus, the position of the nucleus in the hand of the knapper was not fixed and appears to vary according to the opportunities. Two flakes of large dimensions were realized in the same green quartzite resembled those from Qt-58.

The last (Qt-81) is one of the most complete though no specific management of the block could be found. Each removal was detached according to the results obtained in the previous removal and the core turned constantly in the hands of the artisan.

These three refits indicate that the initial morphology of the pebble created a different technical behaviour from those applied to ovoid pebbles. A parallel exists with the quartzite industry of Trou du Diable where the same variability in the morphology of pebbles also engendered different behaviours (Di Modica, 2004 and 2005).

THE NON-REFITTED PRODUCTS

The nuclei

Six non-reassembled nuclei have been examined. Three were the cortical bottoms of pebbles which possessed a single surface of debitage shown as negatives of centripetal removals (Qt-112, 116, and 121). They were not very thick (36, 34, and 22 mm respectively) indicative of their important state of exhaustion. Some traces of crushing on the cortical bottom of nucleus Qt-112 and Qt-116 show a final usage of the block as a hammer before the abandonment of the piece.

The nucleus Qt-114 shows scars of debitage on two perpendicular surfaces in alternation. Some hinged flakes produced from the cortical surface opposite surface A, showed final attempts of debitage before the abandonment of the block.

The Qt-120 nucleus shows a unique technique of debitage for the collection brought about by the specific morphology of the exploited pebble. The flat, relatively thin pebble (31 mm) was exploited from a broad cortical surface. The result is a series of small flakes with a cortical back and sometimes possessing distal cortical excess, indicated by a dozen negatives on the nucleus and some non-reassembled but very similar flakes (Qt-25) This type of debitage is unique in the collection but a quartzite nucleus from Trou du Diable (Di Modica, 2003 and 2005) allows us to consider this type of exploitation as the result of a specific and recurrent intention directly related to the morphology of the pebble.

Nucleus Qt-56 is a nodule exploited on at least four surfaces. The reduced size shows that the nodule is one of the smaller cores in the series with only 42 mm maximum length. The absence of a specific organization of the block allows us to interpret it as a totally exhausted block.

The flakes

Not reassembled, the flakes reveal extremely limited technological information by comparison with the nucleus and, all the more so, with the refits. The sizes of these pieces are consistent with those from exploited blocs and essentially with a size between 2 and 7 cm maximum length (Otte and Bonjean, 1998). Beyond 7 cm, only nine pieces could not be reassembled of which six came from ovoid pebbles and three from parallelepipedal pebbles. Among the pieces from ovoid pebbles were five cortical flakes (Qt-23, Qt-26, Qt-27, Qt-34 and Qt-39) and a flake with a cortical back opposing a sharp irregular edge (Qt-42). For the other pieces, one knapped on green quartzite (Qt-58) resembled the only refit series in this colour of quartzite (Qt-88) and the other was knapped on black quartzite (Qt-61)

The last flake, which reached 117 mm maximum length, is the largest piece from the collection and presents six negatives of centripetal removals. The dimensions of this piece and its uniqueness in the collection lead us to consider it as an isolated product knapped at the supply source and taken to the site. In effect, this piece exhibits not similarity to any other pieces (reassembled or not).

Therefore, this piece shows an additional difference in the management of raw materials since beyond the variability of the debitage indicated by the refits and the cores it splits the activity of debitage into two distinct phases as much geographical as chronological.

HAMMERS, TESTED BLOCKS AND PEBBLES

The selection of pebbles according to their morphology shows first a choice of the raw material. In addition, the Scladina collection contains several nucleus or refits used as hammers in a final stage as well as twenty-two barely touched pebbles used either as hammers or never used.

Three refits are particularly interesting because they indicate either an initial attempt of debitage or some consecutive removals from use like a hammer. On two of these blocks (Qt-109 and Qt-173) it seems related to small removals while on the third (Qt-115), important scars of crushing and an incipient cone mark an attempt to initialize debitage. Following these trials, the pebble had been split in two along the length of a pre-existing weakness in the material. One of the two pieces had been abandoned while the other had been split along the breadth of the half pebble. One of the quarter pebbles obtained served for the removal of five flakes on the cortical periphery along the last ruptured surface.

Four pebbles (Qt- 53, Qt-110, Qt-157 and Qt-168) present unique traces of crushing and are interpreted as hammers.

Four pebbles (Qt-152 and 158) possessed some negatives of removal without any trace of impact and were interpreted as tested blocks. For Qt-158, the morphology of the block, its ergonomics, and the position of three removals forming a large cutting edge on the longitudinal axis of the pebble could suggest a chopper.

Eight pebbles of very important dimensions presented a unique removal. These characteristics did not permit us to consider the removal of these flakes as the result of an anthropic action (Qt-156, Qt-169, Qt-170, Qt-172 and from Qt-174 through Qt-177). Their anthropic origin is probable but, in this case, their function is uncertain.

Again, the situation is less distinct for seven untouched blocks. The absence of all scars does not permit us to declare an anthropic origin. These blocks could very well have been introduced into the layer by colluviums which carried pebbles from the ancient Mosan terraces following the example of those which are observed in other layers.

SYNTHESIS: QUARTZITE EXPLOITATION AT SCLADINA

The actual assemblage of quartzite artefacts from layer 5 is the result of an exhaustive and not completed collection which permits us to accomplish a number of refits, some of which are very complete. As a result, this assemblage is quite exceptional for the Middle Palaeolithic of Belgium and forms the foundation for understanding the practical details of the exploitation of blocks.

Within a complex system of raw material management where rock is treated specifically as a function of its geographical origin (Moncel, 1998, Otte and Bonjean, 1998), the quartzite products show a great behavioural elaboration for the raw materials of local origin that was unsuspected until now (Fig. 4.2).

The place of acquisition of material is also that of the first debitage. The meticulous selection of pebbles according to the morphology accompanies the first test and from the

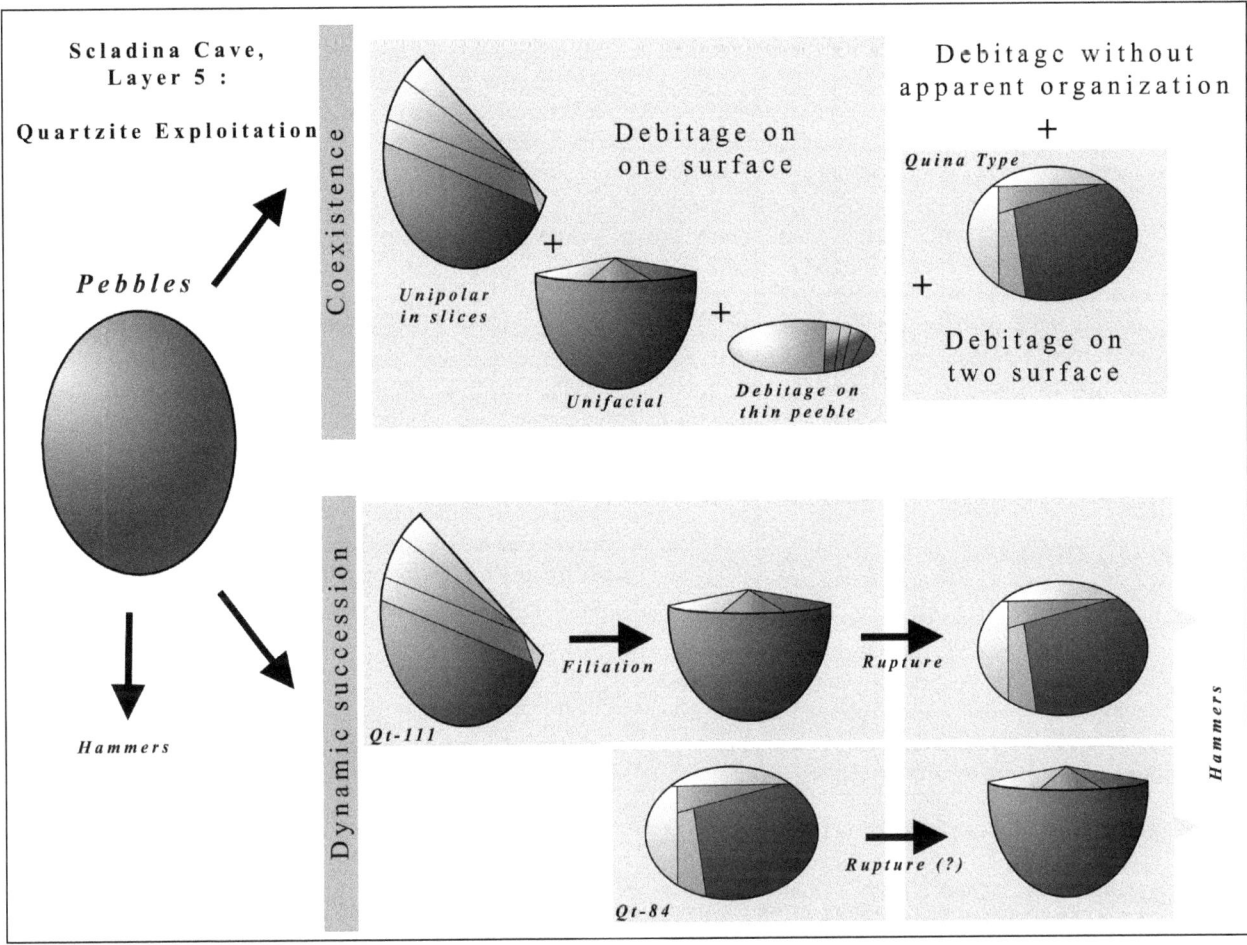

Fig. 4.2 – Schematic representation of quartzite exploitation in layer five of Scladina Cave. The successions of different concepts of debitage on the same block lead us to speak about filiations and ruptures between theses concepts. For example, it is easy to pass progressively from unipolar debitage in slice to unifacial centripetal debitage, but there is a radical change in the treatment applied to the nucleus when the knapper pass to Quina debitage on two perpendicular surfaces

production of flakes of which at least one, of good quality, will certainly be carried back to the site. In the catchments zone and probably during occupation of the cave, the Neanderthals developed some activities which had a direct impact on those carried out at the site. The choice of material and the first stages of debitage circumscribe their subsequent production in a specific morphometric field. Once the blocks are brought back to the site, new choices operate in relation to the function attached to each pebble. Some pebbles become cores, others hammers, and sometimes this occurs successively. The blocks are exploited according to several flexible concepts of debitage, as much adapted to the mechanical constraints of the material as to the morphology of the nucleus. In addition, we connect some of these ideas to others already defined. The unifacial debitage corresponds, according to us, to a much expanded version of Levallois (Boëda, 1994); highly simplified in order to adapt to the constraints induced by the nature and morphology of the exploited block. This important adaptation of the concept is not specific to Belgian territory; it is already in evidence in the exploitation of

flint pebbles in the Middle Palaeolithic of Normandy (Monnier et al, 2002; Guette, 2002). Debitage on two perpendicular surfaces compares with Quina debitage such as defined by L. Bourguignon (1997). The flexibility and complimentarity of these concepts is particularly evident in their succession on certain blocks.

All the stages of production are therefore represented at the site, but in unequal proportions. Thus, if the debitage in particular is illustrated, the unretouched edges seemed favoured as demonstrated by the low quantity of retouched pieces.

Beyond the restrictive vision of considering quartzite as a simple palliative for flint, the production of asymmetric flakes according to several concepts of debitage, perfectly adapted and adaptable to the morphology of the block, relates back to a particular intention to exploit the intrinsic characteristics of the material. The low number of retouched pieces must, according to us, be understood in this sense. The activities necessitating retouch of the edges had principally been realized on flint, while other activities had been preferentially carried out on reputedly unproductive local rocks such as quartzite, but also quartz or chert, with unretouched tools.

Therefore, beyond the functional interdependence of different supply areas of raw materials, the quartzite series illustrate an internal variability, not only in the exploitation of the local raw material, but also in only one of these materials. Understanding quartzite in this way provides new insight into all the industry from layer 5. Notably, this insight permits the justification of the intensive exploitation of local raw material and provides, especially, a better way of understanding the predominance of a raw material wich is particularly difficult to work: quartz.

REGIONAL CONTEXT

The quartzite production from Scladina fits harmoniously within an original system of raw material management (Di Modica, à paraître), marked by certain difficulties with flint supplies due both to the distance from the main outcrops and topography, because the Cretaceous deposits were situated on the other bank of the Meuse River.

In this case, the outcrops of local raw materials and some alluvial pebbles were exploited. If Scladina constitutes a more interesting example for the study of these rocks, some other anciently excavated sites bring their own contribution, more or less, according to the exhaustiveness of the collection.[1]

In the precise case of quartzite, contained in six sites, a veritable parallel may be made with the lithic industry of Trou du Diable in Hastière-Lavaux (Di Modica, 2003, 2005). There one observes the same technical variability and the same orientation of the production towards asymmetric blanks with a cortical back opposing a sharp edge.

The impressive quantity of refits achieved with the industry opens some new perspectives: some methodological, some technological. First, methodological because these patterns permit more efficient observations than those obtained on only flakes and nuclei. They also allow us to critique the pertinence and the meaning of concepts of debitage such as those described at the moment, not only in terms of subsequent variability and evidence of the coexistance of *chaînes opératoires* on this material, but also from their dynamic succession within the same block. Thus, on the same unattractive material, the ingenuity of the knapper is expressed as much as the subjectivity of the prehistorians, who are too habituated to the compartmentalization of concepts in strict definitions which they entrench in dogma as soon as they define them.

Acknowledgments

The authors wish to thanks all the team of the Archaeological Centre of the Scladina Cave for all the work they're doing since 1978. They also want to thanks Cécile Jungels (Royal Belgian Institute of Natural Sciences) and Anne Hauzeur (National Museum of History and Art, Luxembourg) for the review of this paper. Especially, we would associate Sheryl Roy (Malaspina University College, Canada) for his translation of this text from French. Last but not least, Rebecca Miller had the kindness to review a last time the English version.

References

BOËDA, E. (1994) *Le concept Levallois: variabilité des méthodes*. Paris: éditions du CNRS. 280 p. (Monographie du CRA, 9).

BORDES, J.-G. (2000) La séquence aurignacienne de Caminade revisitée: l'apport des raccords d'intérêt stratigraphique. *Paléo*. Les Eyzies-de-Tayac. N°12, p. 387-407.

BOURGUIGNON, L. (1997) *Le Moustérien de type Quina: nouvelle définition d'une entité technique*. Thèse de doctorat en Lettres et en Sciences Humaines, Spécialité Préhistoire, Université de Paris X Nanterre. Paris. 654 p.

CARTE GEOLOGIQUE DE LA BELGIQUE: FEUILLE 145, ANDENNE – COUTHUIN [Matériel cartographique]/ Commission Géologique de Belgique. – Echelle 1/40.000. – Bruxelles: Institut Cartographique Militaire, 1901.

DI MODICA K. (2003) *Stratégies d'exploitation différentielle des ressources lithiques au Paléolithique moyen: l'industrie moustérienne du Trou du Diable à Hastière-Lavaux- (Hastière, prov. de Namur)*. Mémoire de Licence non publié de la Faculté de Philosophie et Lettres, Université de Liège. Liège. 229 p., CCXXIII ill.

DI MODICA, K. (2005) Le Trou du Diable (Hastière-Lavaux, prov. de Namur, Belgique): stratégies d'exploitation des ressources lithiques au Paléolithique moyen, *Anthropologica et Praehistorica*. Bruxelles. 116, p. 99-148.

DI MODICA K. (à paraître) Contraintes naturelles et implantations moustériennes dans le bassin mosan (Belgique). In *XVe congrès de l'U.I.S.P.P., session C.34: Settlement Systems of the Middle Paleolithic and Middle Stone Age*. Lisbonne.

---

[1] Trou du Sureau, Trou Magrite, Trou du Diable, Trou Al'Wesse, Palaeolithic site of Engihoul, Goyet Caves. One flake in quartzite has also been collected at the site of Sainte-Walburge, north of the Meuse River, in Liège (Ulrix-Closset, 1975). According to its uniqueness in a complete industry of more than eight thousand pieces (8.000), we do not consider it as representative of a particular strategy of exploitation of raw material. There is a similar situation in the Bay Bonnet Caves, two flakes in quartzite are registered in the collection.

FOUCAULT, A.; RAOULT, J.-F. (2005) *Dictionnaire de Géologie*. 6ème édition. Paris: Éd.Dunod. 386 p.

GOEMARE, E. *et. al.* (à paraître) – Les roches taillées et débitées durant le Paléolithique et le Mésolithique en Belgique: mise au point sémantique, critères d'identification macroscopique et implications archéologiques. *Anthropologica et Praehistorica*. Bruxelles.

GUETTE, C. (2002) Révision critique du concept de débitage Levallois à travers l'étude du gisement moustérien de Saint-Vaast-la-Hougue/le Fort (chantiers I-III et II, niveaux inférieurs) (Manche, France). *Bulletin de la Société Préhistorique Française*. 99, p. 237-248.

MONCEL, M.-H. (1998) L'industrie lithique de la grotte Scladina (Sclayn). La couche moustérienne éémienne 5. Les comportements techniques et les objectifs de la production dans un moustérien de type Quina. In Otte, M.; Patou-Mathys M.; Bonjean D., eds. lits. – *Recherches aux grottes de Sclayn. Volume 2. L'Archéologie*. Liège: E.R.A.U.L., p. 181-247. (Etudes et Recherches Archéologiques de l'Université de Liège; 79).

MONNIER, J.-L. *et. al.* (2002) Stratigraphie, paléoenvironnement et occupations humaines durant le dernier interglaciaire dans l'ouest de la France (Massif Armoricain). Comparaison avec l'interglaciaire précédent. In Tuffreau, A.; Roebroeks, W., dir. – *Le Dernier Interglaciaire et les occupations humaines du Paléolithique moyen*. Lille: Centre d'Etudes et de Recherches Préhistoriques. p. 115-142. (Publications du Centre d'Etudes et de Recherches Préhistoriques; 8).

OTTE, M.; BONJEAN, D. (1998) L'outillage. In Otte, M.; Patou Mathys M.; Bonjean D., eds. lits. – *Recherches aux grottes de Sclayn. Volume 2. L'Archéologie*. Liège: E.R.A.U.L., p. 127-179. (Etudes et Recherches Archéologiques de l'Université de Liège; 79).

OTTE, M.; PATOU-MATHYS M.; BONJEAN D. [eds lits.] (1998) *Recherches aux grottes de Sclayn. Volume 2. L'Archéologie*. Liège: E.R.A.U.L. n°79. 437 p.

PIRSON, S. *et. al.* (2004) La nouvelle séquence stratigraphique de la grotte Walou (Belgique). *Notae Praehistoricae*. Mons. 24, p. 31-45.

PIRSON, S. *et. al.* (2005) Révision des couches 4 de la grotte Scladina (comm. d'Andenne, Namur) et implications pour les restes néandertaliens: premier bilan. *Notae Praehistoricae*. Gent. 25, p.61-69.

PORRAZ, G. (2005) *En marge du milieu alpin. Dynamique de formation des ensembles lithiques et modes d'occupation des territoires au Paléolithique moyen*. Thèse de Doctorat en Préhistoire, Archéologie, Histoire et Civilisations de l'Antiquité et du Moyen-âge, Université de Provence. Aix-Marseille. 387 p.

VAN DER SLOOT, P. (1998) Matières premières lithiques et comportements au Paléolithique moyen. Le cas de la couche 5 de la grotte Scladina. In Otte, M.; Patou-Mathys M.; Bonjean D., Eds. lits. – *Recherches aux grottes de Sclayn. Volume 2. L'Archéologie*. Liège: E.R.A.U.L., p. 115-126. (Etudes et Recherches Archéologiques de l'Université de Liège; 79).

BEČOV I, A-III-6 – MIDDLE PALAEOLITHIC QUARTZITE ASSEMBLAGE FROM CENTRAL EUROPE

Andrzej WIŚNIEWSKI

Institute of Archaeology, University of Wroclaw, Poland, Email: anwis@rubikon.pl

Abstract: The NW Bohemian site Bečov I lies on an elevation known as Písečny vrch (Sandy Elevation) built in a characteristic paleogen quartzite. Regular excavation carried out in the area started in the 1960s and 70s by a team led by J. Fridrich (Archaeology Institute, Czech Academy of Sciences Prague) resulted in discovery of several large sites, one of which, the multi-level Bečov site I that produced evidence of Neanderthal occupation, among them, numerous lithic artefacts fashioned from Bečov quartzite. Bečov site I was revisited for the technological re-examination of the largest inventory recovered from Layer 7 (Bečov I, A-III-6). The age of the layer is synchronized with OIS 7, which corresponds to the interglacial period at the close of the Middle Pleistocene. Some 3000 lithic artefacts were examined for better understanding of the main scheme of blank and retouched tool production. Most artefacts were in local Bečov quartzite which occurs locally in many different variations.
Key words: Quartzite technology, Middle Palaeolithic, Central Europe

Résumé: Le gisement Bečov situé dans le NW de la Bohémia est localisé dans une élévation connue comme Písečny vrch (Élévation aréneuse), formé dans un caractéristique quartzite du Paléogène. Les fouilles systématiques ont commencé dans les années 1960s et 70s sous la direction de J. Fridrich (Institut d'Archéologie, Académie Tchèque des Sciences à Prague) ont identifié divers gisements, parmi lesquels celui de Bečov I avec plusieurs niveaux archéologiques et évidences des occupations des Néandertaliens, notamment nombreux pièces lithiques taillés en quartzite de Bečov. Le niveau 7 qui a livré plus de pièces lithiques a été réexaminé avec une perspective technologique. Ce niveau appartient au OIS 7, qui a une correspondance avec le période interglaciale a la fin du Pléistocène moyen. A peu prés de 3000 pièces lithiques ont été étudiés pour mieux comprendre le principal schéma de production des supports et des outils retouchés.
Mots clé: Quartzite, Paléolithique moyen, Europe Centrale

Resumo: O sítio Bečov I (NW da Boémia) situa-se numa elevação conhecida por Písečny vrch (Elevação arenosa) e que assenta num característico quartzito paleogénico. Esta área foi sistematicamente escavada a partir dos anos 60 por uma equipa coordenada por J. Fridrich (Instituto Arqueológico, Academia Checa das Ciências, Praga), resultando na descoberta de vários sítios e entre estes Bečov I. Este sítio tem vários níveis de ocupação de Naeandertais com numerosos artefactos líticos produzidos em quartzito de Bečov. O maior conjunto lítico proveniente do nível 7(Bečov I, A-III-6) foi revisto no âmbito de uma re-análise tecnológica. Este nível está cronologicamente associado ao OIS 7, correspondendo ao período interglacial do final do Pleistocénico Médio. Cerca de 3000 artefactos foram analisados para melhor compreender o principal esquema de produção de suportes e utensílios retocados. A maior parte destes artefactos são de quartzito de Bečov que existe no local com alguma variabilidade.
Palavras-chave: Quartzito, tecnologia, Paleolítico Médio, Europa Central

INTRODUCTION

The question of utilisation of different lithic resources is at present one of the key issues addressed by specialists studying the Middle Palaeolithic. A particularly important question turns out to be understanding of blanks and tools production connected with the raw material characteristic for a given region. It is difficult to imagine the study of a range of issues – starting from intra-spatial site analysis to hunter territorial systems of early man without making a detailed analysis of his approach to stone resources.

The purpose of this paper is to explore technological strategies of working raw quartzite using as a case study one assemblage from the site Bečov I (AIII6) in NW Czech Republic. Analysing this material I asked myself what was the reason behind the unique nature of the artefacts. This allowed me to conclude that the three major factors which had a bearing on the inventory were: easy access to the lithic resource, the form of the stone blocks and the aims which directed the people. On the other hand I found no evidence that production was determined by the quality of the raw material. The next finding is that the analysed assemblage differs in its structure and manner of using quartzite from classic inventories which are recorded in areas with unlimited deposits of lithic resources and are defined according to the accepted classification as so-called workshops.

The site Bečov lies within the Czech Middle Mountains in the valley of the Ohře, left-hand tributary of the river Saale. It is situated within a culmination known as Sandy Elevation (Písečný vrch) of 317.2 m a.s.l. The hill represents the remains of a gas and mud volcano. The site lies on the SW slope of the elevation. The hill is built of lithologically diverse sediments (Tyráček, 2005): various types of sandstone, volcanic breccia and loam but the surface of the hill abounds in quartzite blocks.

The inventory of interest occurred within layer 7 and 8 at Bečov site A. Layer 7 was built of humus with quite a large quantity of quartzite lumps. Analysis of micromorphology of layer 7 revealed the presence of humus developed during an interglacial period. Layer 8 was represented by denuded loess (Fridrich, 1982; Fridrich, Smolíková, 1973). Analysis of stratigraphy of

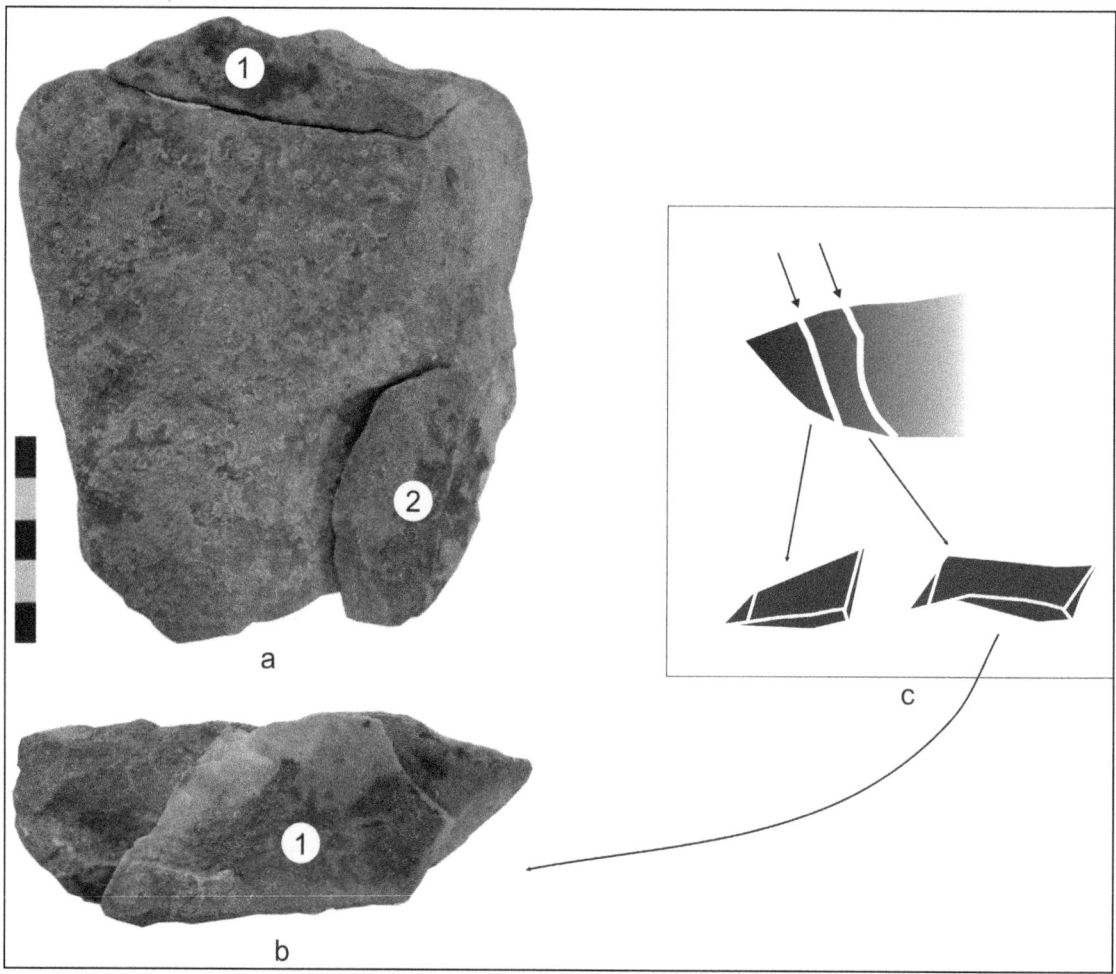

Fig. 5.1 – Quartzite core with refitted flakes and representations of the two main flake types

overlying levels helped to establish that the artefacts rested within a layer accumulated during OIS 7. The lithic assemblage recovered during the 1960s-70s excavation made by J. Fridrich includes over three thousand artefacts of quartzite and other rock as well as several thousand natural chunks.

THE LITHIC RESOURCE

Bečov is one of a small number of early Middle Palaeolithic sites found in direct proximity to good quality raw quartzite.[1] Due to this location over an outcrop of a stone resource, 96.8% of artefacts represent local lithic raw material, known as quartzite of the Bečov type (Fridrich, 1982; Přichistal, 1997, 2004). This type of quartzite formed in Upper Cretaceous or Oligocene. The other lithic resource, which played only a minor role at Bečov is quartzite known as the Skršín type (0.7%). Possibly brought to the camp from a distance of a few

[1] The only other similarly dated sites in Central Europe are known from Hesse (Luttropp, Bosinski 1971). Less certain traces are recorded at Teufelsmauer (northern edge of the Erzgebirge, Germany), where quartzite artefacts were discovered on a terrace associated with the Saale glaciation (Toepfer, 1970; see Feustel et al. 1964).

kilometres this resource is known to form outcrops at nearby elevation Vrbka. Quartz pebbles used to produce a small quantity of artefacts at Bečov (2%), presumably were brought to the camp from fluvial terraces. Finally, the inventory includes artefacts made from porcelanite (0.3%), a resource which could have been collected on the surface of the elevation.

Size and shape of the artefacts were influenced mainly by easy access to the source of raw material and the form of the raw quartzite (Fig. 5.1) most of which had the form of slabs. Cores present in the inventory from Bečov indicate that the main method of exploitation of slabs was centripetal and unidirectional, reminiscent of methods used to form choppers. Lumps which had a polygonal (some – rectangular prismatic) form, apparently were worked unidirectionally or multidirectionally. A handful of pieces probably came from working quartzite lumps with rounded sides, somewhat similar to pebbles. There is evidence that this type of raw material was used during reduction of centripetal, especially discoidal cores, or multidirectional forms. These remarks apply only to small and medium sized raw material. It cannot be excluded that the larger blocks allowed people to use several knapping strategy.

TECHNIQUES AND METHODS

In many cases the form of polygonal lumps made it possible to open the exploitation sequence without an initial blow to prepare the striking platform. For the same reason the method of preparing the flaking surface was somewhat easier. The size of the worked blocks varied. It is difficult on the basis of retaining traces to indicate any preferences in this regard. Basing on cores, blanks and debris, it may be surmised that the lumps which were used ranged from a few up to 19 cm in length. Obviously, some of the original lumps were larger. It is possible to conclude that some of these larger blocks would have been worked as so-called stabilised cores (versus freehand), ie laid on the ground during working. The hill built of a mantle of quartzite blocks presumably provided unlimited potential for adaptation of lumps into cores of immediate use. It cannot be excluded that from cores of this type were removed single flakes present in the inventory which differ in size from the rest of the waste material. A very frequent feature which is associated with physical properties of the worked quartzite are *Siret* fractures observed on flakes and blades, which account for as much as 34% of all damage observed in the blanks.

BLANKS AND TOOLS

The main aim of production was for flake blanks. To properly understand the method of working the raw material it is crucial to recognize the system of core exploitation. The main methods were centripetal. This is shown by statistical data on the number of discarded cores as well as flakes. Unidirectional exploitation is evidenced by a much smaller number of cores – about a third of all cores. At the present stage of research it cannot be excluded entirely that in many cases the unidirectional method could have represented just the initial stage of exploitation, which later proceeded centripetally. The repertoire of centripetal methods is not essentially different from the repertoire known from eg the region where different varieties of flint are the dominant stone resource. The dominant form of core is centripetal unidirectional. However, frequently only the lower part of the core is natural and has the form of a pyramid, similarly as the flaking surface, which makes these forms resemble discoidal cores. Also present are centripetal cores with a flatter cross-section, which results from their more intensive exploitation and slightly different organisation of their platforms. A related method of reduction is represented by cores exploited bifacially, which correspond to bi-pyramidal discoidal forms. Unidirectional methods are represented by remains of cylindrical and prismatic cores, and by the already mentioned cores with bifacial reduction (the cores/choppers resemble specific cores *d'alternance continue*, eg Duran, Soler, 2006). Finally, the inventory also featured multidirectional cores, isolated specimens associated with Kombewa method and forms similar to cores associated with centripetal Levallois reduction.

There was also a handful of distinctive initial cores and some fragments of cores. A common feature of the majority of cores is the small number of traces of preparatory stage. Where it is present preparation is limited principally to fragments of platforms. Faceting is relatively infrequent. The faceting coefficient which was calculated on the basis of the ratio of facetted or dihedral butts to all flakes and blades with surviving platforms may be considered as very low (IF = 5.56). There were no evident specimens to suggest integrated preparation of platforms and flaking faces, similar to the Levallois system.

The dynamics of the core reduction process are less easy to determine owing to the lack, so far, of a larger number of refitted blocs. However, considerable diversity of reduction methods suggests that the analysed inventory could be the result of a longer or repeated occupation.

Flakes, the main aim of production (72% of all core exploitation debitage), in general were quite large and thick. Their distinguishing trait is a prominent butt and, usually, a considerable angle of inclination to the ventral. The dominant forms are flakes with a flat butt. Among intact specimens they account for nearly 45% of the set of all flakes and blades. Dominance of this type of butt over other types of butt is particularly marked in the group of multidirectional flakes (66,8%). The next best represented butt variant is the natural butt (around 31% of forms). Punctiform and edge butts are relatively infrequent in the inventory. The cited features suggest that no careful and systematic preparation of core platforms was made. The angle of butts is substantial, with mean value of 110°, at standard deviation of 8.9. This variable indicates unimodality, which suggests a preference for using this angle of the striking platform. In a substantial percentage of flakes and also blades the cross-section is triangular or rhomboidal, the maximum thickness close to the butt. Definitely, this trait is a coefficient both of the suitably inclined surface of the striking platform and quite substantial distance between the point of percussion and the edge of the flaking surface. The shape of blanks determined – to a great extent – the outlook of the future tools, which were quite massive in form.

Retouched tools were produced mainly from blanks but occasionally also from chunks. The group is dominated by scrapers, as well as notched and denticulated pieces, which jointly make up nearly two thirds of all retouched tools. Among scrapers (109 specimens) the dominant form are single scrapers (67 specimens), mostly, oblique forms (30 pieces– 27.52%). Scrapers with more than one retouched ridge occurred with a relatively low frequency (12 specimens), and include 7 convergent forms.

Analysis of morphological and metric parameters of blanks used in making the tools provided interesting insight on the methods of adaptation of blanks. Analysis of 106 scrapers showed that most of these pieces were made on flakes. Out of the analysed forms 73 pieces retained the butt while 4 other were damaged in their proximal section. It was established therefore that flakes intended for scrapers tended to have a flat or natural butt (41 and 22 pieces respectively). Analysis of other traits of complete flakes made into scrapers failed to reveal any strong relationships except for the fact that heavier forms of flakes were apparently selected for scrapers, with a length of around 5 cm or more.

Fig. 5.2 – Example of quartzite unidirectional core with refitted flake.

GENERAL TRAITS OF THE OPERATION SCHEME

The scheme of production is representative for flake industries. Its next trait is the use of limited preparation during reduction. Flakes, more rarely blades or chunks, were worked into unifacial retouched tools, mainly, scrapers. Apart from isolated examples of tools fashioned mostly on chunks we did not observe evidence of use of methods of shaping. Use of basic methods of reduction and targeting on production of unifacial tools probably were not dictated by lithic resource; rather they indicate selection of a specific strategy. This is confirmed by the presence in other layers of Bečov site A, as well as in other sites nearby (eg. site 4), both of evidence of technology defined as Levallois and of bifacial (Fridrich, Sýkorová, 2005).

The analysed inventory includes all the main links by which it resembles so-called complete chains, which are characterised by the presence of artefacts which correspond to the entire sequence – starting from chunks with isolated traces of percussion and ending in retouched tools (Féblot-Augustins, 1997).

An important feature of the inventory is the balanced frequency of waste and of forms related to individual stages of working the lithic resource. In this respect the assemblage diverges somewhat from other early Middle Palaeolithic assemblages collected at other Central European sites situated directly over outcrops of rock (Mania, Baumann, 1983; Pasda, 1996). The latter as a rule are marked by an observable domination of waste over very poorly represented group of tools. In case of Bečov AIII6 we have a relatively well represented group of retouched tools, dominated by scrapers. If this is not the result of complicated taphonomy of the site, or the result of limitations following from the excavation method, one needs to take into account factors associated with specific strategy, eg, intensive use of retouched tools during a longer visit at the site or the need to use a larger number of tools for specific activities, etc. Without results of use-wear analysis it is difficult to resolve this question. Independently from this consideration we know that the site at Bečov could have served a function in the hunting system both of a suitable shelter or a site where the hunters renewed their tool kits.

References

DURAN J.-P., SOLER N. (2006) Variabilité des modalités de débitage et des productions lithiques dans les industries moustériennes de la grotte de l'Arbreda, secteur alpha (Serinyà, Espagne), *Bulletin de la Sociéte préhistorique française* 103/2, p. 241-262.

FÉBLOT-AUGUSTINS J. (1997) *La circulation des matières premières au Paléolithique*, CNRS, Liège.

FEUSTEL R., STOYE K. (1964) Eine Quarzit-Abschlagindustrie im nördlichen Harzvorland, *Jschr. Mitteldt. Vorgesch.* 48, p. 25-35.

FRIDRICH J. (1982) *Středopaleolitické osídlení Čech*, Archeologický ústav ČSAV, Praha.

FRIDRICH J., SMOLÍKOVÁ L., (1973) K problematice stratigrafie paleolitického osídlení v Bečově, o. Most, *Archeologické rozhledy* 25, p. 487–499, p.591–596.

FRIDRICH J., SÝKOROVÁ L., (2005) *Bečov IV – sídelní areál středopaleolitického člověka v severozápadních Čechách*, Praha.

LUTTROPP A., BOSINSKI G. (1971) – *Reutersruh bei Ziegenhain in Hessen*, Fundamenta, R.A, 6.

MANIA D., BAUMANN W. (1983) Die paläolithischen Funde von Markkleeberg der Forschungsperiode 1967-198, in: Baumann W., Mania D. (Eds.) *Die paläolithische Neufunde von Markkleeberg bei*

Leipzig, , Veröffentlichungen des Landesmuseums für Vorgeschichte Dresden 16, p. 49-90.

PASDA C. (1996) *Silexverbreitung am Rohmaterialvorkommen im Mittelpleistozän. Ergebnisse einer Rettungsgrabung in Zwochau (Lkr. Delitsch)*, Arbeits- und Forschungsberichte zur Sächsischen Bodendenkmalpflege 38, p. 13–55.

PŘICHISTAL A. (1997) *Sources of siliceous raw materials in the Czech Republic*, in: R. Schild, Z. Sulgostowska (Eds.), *Man and Flint. Proceedings of the VIIth International Flint Symposium Warszawa – Ostrowiec Świętokrzyski*, September 1995, IAE PAN, Warszawa, p. 351–355.

PŘICHISTAL A. (2004) Česká naleziště surovin na výrobu kamienných štipaných artefaktů v pravěku, *Památky Archeologické* XCV, p. 5–30.

TOEPFER V. (1970) Stratigraphie und Ökologie des Palaolithikums, in: *Periglazial – Löss-Paläolithikum im Jungpleistozän der Deutschen Demokratischen Republik*, VEB Hermann-Haack, Gotha-Leipzig, p. 329-422.

TYRÁČEK J. (2005) Geologický a geomorfologický vývoj širšího okolí lokality Bečov IV, in: J. Fridrich, I. Sýkorová, *Bečov IV – sídelní areál středopaleolitického člověka v severozápadních Čechách*, Praha.

THE QUARTZITE EXPLOITATION IN A MIDDLE PLEISTOCENE OPEN AIR SITE: RIBEIRA DA PONTE DA PEDRA (CENTRAL PORTUGAL)

Sara CURA

Museu de Arte Pré-Histórica de Mação; Group "Quaternary and Prehistory" of the GeoSciences Centre (uID73 – FCT). Largo Infante D. Henrique, 6120 Mação (Portugal), Email: saracura@portugalmail.pt

Stefano GRIMALDI

Laboratorio di Preistoria "B.Bagolini", Dipartimento di Filosofia, Storia e Beni Culturali, Università di Trento, via S. Croce 65, I-38100 Trento (Italy). Group "Quaternary and Prehistory" of the GeoSciences Centre (uID73 – FCT), Email: stefano.grimaldi@lett.unitn.it

Abstract: *The archaeological site of Ribeira da Ponte da Pedra, also denominated as Ribeira da Atalaia, is located in the slope of an ancient valley where neogenic deposits, quaternary fluvial terraces and coluvial deposits alternate. Recently, absolute datings have been obtained for the middle terrace (300.000 BP) and for the lower terrace (90.000 BP). The archaeological remains from both terraces are exclusively lithic artefacts and more than 95% of these are made from fluvial quartzite pebbles. Middle terrace lithic assemblages are morphologically similar to what is considered archaic or "pre-acheulean", while as those from the lower terrace lack Levallois and typical Mousterian retouched implements. In this paper, authors will discuss the main features of the lithic industry coming from the middle terrace (Q3).*
Key Words: *Quartzite, technology, Reduction Sequences, Middle Pleistocene*

Résumé: *Le gisement de Ribeira da Ponte da Pedra, aussi dénommé Ribeira da Atalaia, est localisé dans la versant d'une ancienne vallée ou les dépôts du néogène, les terrasses fluviatiles et des colluvions, sont alternés. Actuellement nous avons des datations absolues pour la séquence stratigraphique de ce gisement – autour de 300.000 BP pour la base du terrasse moyen et 90.000 BP pour le sommet du terrasse basse, ce qui apporte d'importantes informations pour l'étude des occupations du pléistocène moyen et supérieur dans la vallée du Tage. Les vestiges archéologiques fouillés dans les différents dépôts sont exclusivement lithiques et plus de 95% étaient taillés à partir galets fluviatiles de quartzite. Les industries lithiques de la terrasse Moyen sont morphologiquement similaires à des industries archaïques ou "pré-acheuléennes", tandis que celles de la terrasse basse ne présentent pas du débitage Levallois et des outils retouchées du moustérien typique. Dans ce travail on discute seulement les industries lithiques de la terrasse moyenne (Q3).*
Mots Clé: *Quartzite, technologie, chaînes opératoires, Pléistocène Moyen*

Resumo: *O sítio arqueológico da Ribeira da Ponte da Pedra, também denominado Ribeira da Atalaia, localiza-se na vertente de um antigo vale onde os depósitos do Neogeno, terraços fluviais e coluviões, se encontram alternados. Actualmente dispomos de datações absolutas para a sequencia estratigráfica deste sítio – cerca de 300.000 BP para a base do terraço médio e 90.000 BP para o topo do terraço baixo – que assim fornece importantes indicações para o estudo das ocupações do pleistocénico médio e superior do Vale do Tejo. Os vestígios arqueológicos escavados nos vários depósitos são exclusivamente constituídos por artefactos líticos e mais de 95% destes, feitos a partir de seixos de quartzito. A indústria lítica do terraço Médio é morfologicamente semelhante a indústrias arcaicas ou "pré-acheulenses", enquanto que aquela do terraço baixo não evidencia debitagem levallois e utensílios tipicamente musterienses. Neste trabalho apresentamos as indústrias líticas do terraço médio.*
Palavras-chave: *Quartzito, tecnologia, Sequências de redução, Pleistocénico médio*

INTRODUCTION

In the Tagus river basin (central Portugal), Lower Palaeolithic human occupations are predominantly associated with fluvial terrace deposits. Presently, the archaeological site where the most ancient dates have been obtained is located in this region, near the town of Vila Nova da Barquinha. The site is named Ribeira Ponte da Pedra after the name of a local tributary stream of Tagus River.

In this region, six fluvial terrace levels have been detected and recently mapped (Rosina, 2002 and 2004, Mozzi *et al*, 1999; Corral, 1998). These levels were named as, according to the previous geological maps, Q1, Q2a, Q2b (high terraces), Q3 (middle terrace), Q4a and Q4b (low terraces).

The complete chronology of Tagus terraces is unknown yet, however for the more recent ones there are some absolute datings (Prudêncio *et al, in press*, Cunha *et al*, 2008; Raposo & Santoja, 1995; Raposo & Cardoso, 1998).

RIBEIRA PONTE DA PEDRA OPEN AIR SITE

The site stratigraphy includes the base of the Tagus middle terrace (the so called "Q3 terrace"), the top of the lower terrace ("Q4a terrace") and a colluvium deposit which sealed the terrace layers. These three stratigraphic units have been dated respectively around 300.000, 90.000 and 25.000 years B.P. Such dates allow us to correlate these deposits to the OIS 9-7 (Q3 terrace), 5 (Q4a terrace) and 2 (Colluviums).

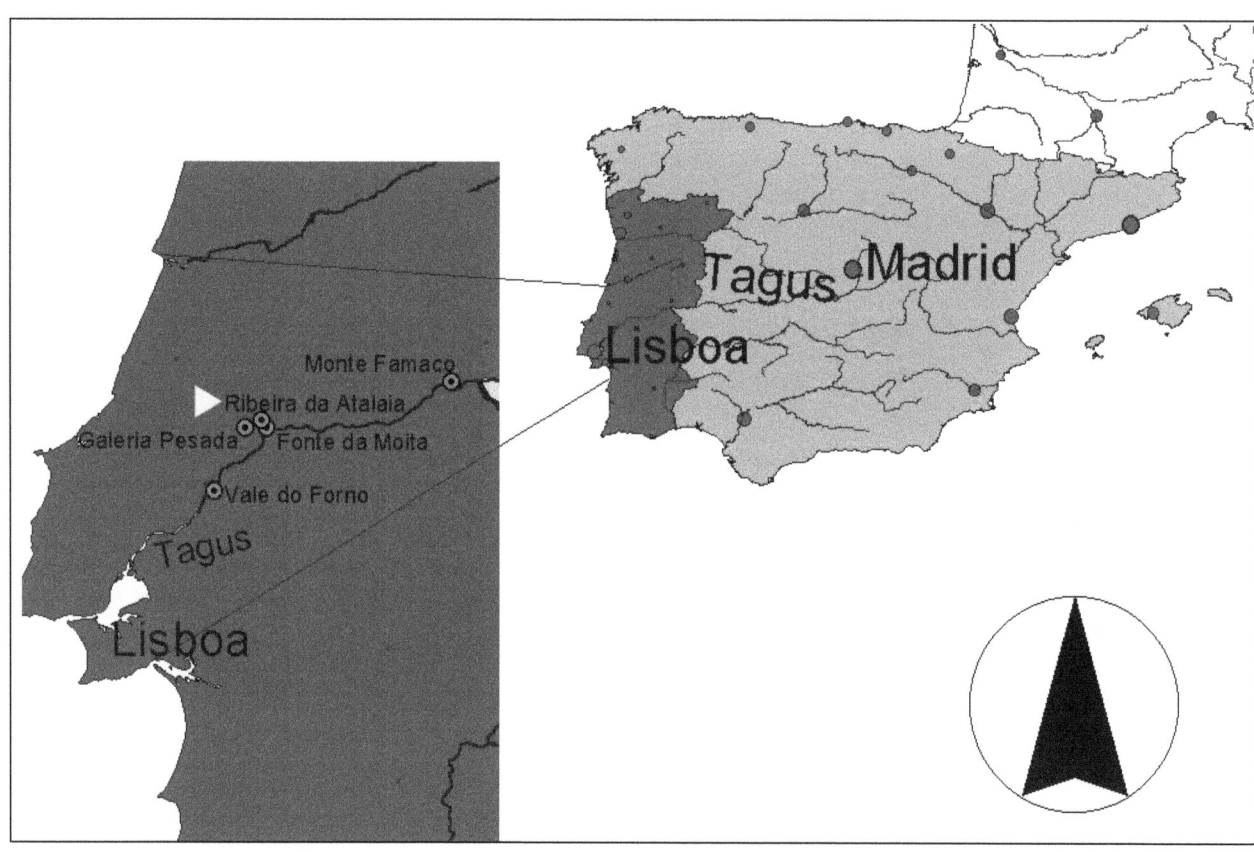

Fig. 6.1 – Localisation of the Ribeira da Atalaia site among the main middle pleistocenic sites in the portuguese Tagus Valley

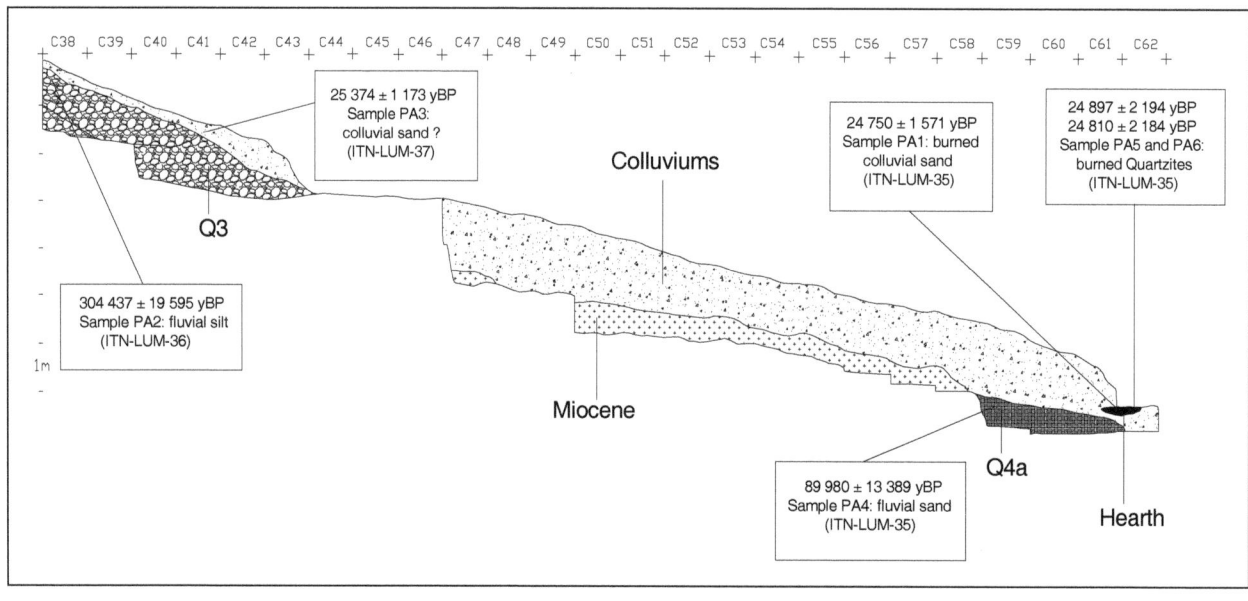

Fig. 6.2 – Stratigraphical sequence of Ribeira da Atalaia archaeological site

No organic remains have been found yet. The archaeological evidence is only related to lithic industries which have been knapped almost exclusively from local quartzite pebbles. In this paper, authors will discuss the main features of the lithic industry coming from the Q3 terrace.

LITHIC INDUSTRY

The lithic industry found at the bottom of the Q3 terrace is essentially characterized by three major groups:

a) worked pebbles

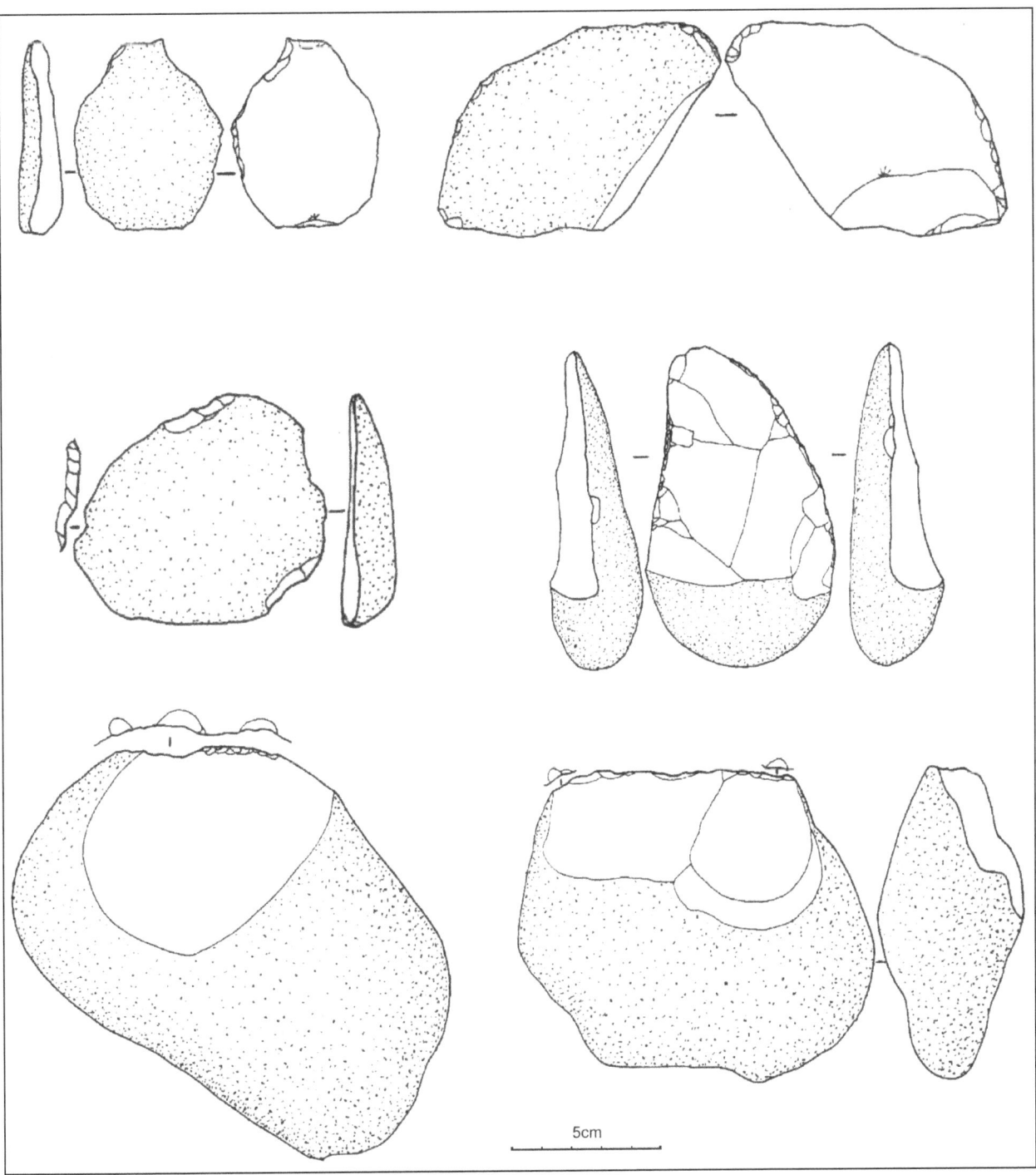

Fig. 6.3 – Lithic implements of Ribeira daPonte da Pedra from the Q3 bottom terrace

b) non retouched flakes
c) retouched flakes

These groups should be considered together as the technological result of a single reduction sequence: pebbles have been knapped in order to produce flakes (mainly cortical or half-cortical ones). Usually, the main debitage method is the unidirectional one.

Ribeira Ponte da Pedra is also characterized by the absence of bifaces and cleavers and rarity of picks. Nevertheless, we underline a unifacial artefact which, considering its retouch and dimensions, presents a more refined and equilibrated morphology (Fig. 6.3, n°8).

The debris are almost absent, possibly due to post depositional processes. At this regard, soil analyses are still in course. However, experimental activities allow us to suggest that the production of mainly cortical and half cortical flakes is not necessarily linked with the production of large quantities of waste material.

Tab. 6.1 – General assemblage composition

Blanks Categories	Quartzite	Quartz	Other
Pebble with cortical striking platform	53	11	2
Pebble with flat striking platform	1		
Pebble with mixed striking platform	6		
Pebble with 2 or + striking platform	7		
Chopper	1	1	
Chopping tool	2		
Core	12	1	
Levallois core	1		
Flake core	6		
Flake	274	10	5
Retouched flake	99	1	
Retouched pebble	38	3	3
Indeterminated artifact	12	1	1
Debris	21	1	
Hammer	4		
Retouched fragment	7		
Total	544	29	11

Raw Material texture and state of Preservation

Lithic implements are generally made from different types of local quartzite pebbles. Quartz pebbles have been knapped, too. Other kind of raw materials – for example, flint – are really rare. According to a preliminary macroscopic analysis, pebbles characterized by medium (67%) or coarse (26%) textures are predominant. However, these observations have to be confirmed, or not, by the undergoing geological and petrography studies on the quartzite variability of the High Ribatejo region.[1]

Tab. 6.2 – Raw Material texture

Raw Material texture					
Und.	Vitreous	Fine	Medium	Coarse	Macro-coarse
7	1	19	392	150	17

The lithic implements of Ribeira Ponte da Pedra present a varied post depositional alteration: we observe artefacts very fresh, but also very rolled (see Tab. 6.3). However, the main group is composed by medium-low (48%) and medium alteration (23%). The reddish iron concretions are present in 60% of the lithic implements. We suggest these concretions can be related with a long time exposure of the implements to climatic agents.

Techno-tipological blanks

The whole reduction sequence seems to be carried out on site (see table 6.1). This is suggested by the presence of all types of blanks (from cortical to predetermined ones).

The quantitative production of flakes per pebble is about 1-4 blanks. This means a quick production of large/ massive blanks without a *predetermined* morphology. It also indicates a functional need based over quantity rather than quality of the blanks.

When the percentage frequencies of blank categories are compared, we observe a low percentage incidence of non cortical blanks.

Retouched blanks are mainly cortical or half cortical. Their percentage decreases along with the decrease of cortex presence being quite rare among non cortical flakes. This seems to suggest that retouched blanks were mainly needed among the cortical blanks category. Furthermore, the so far analysed implements present a quite marginal and coarse retouch. It's also quite variable in its position and localisation and doesn't result on "classic types" of tools.

---

[1] Within the frame of the Project Transition Landscapes (FCT PTDC/HAH/71361/2006).

Tab. 6.3 – Raw material patina/alteration degree and iron concretions frequencies

Alteration	Iron concretions					
	Quartzite		Quartz		Other	
	Absent	Present	Absent	Present	Absent	Present
Absent	5	4				2
Low	41	49	1	2		
Medium-low	107	161	7	4		
Medium	36	84	6	5		4
Medium-high	16	28		1		
High	3	6				1
Undetermined	4		2	1		
Total	212	332	16	13	0	7

Tab. 6.4 – Worked pebbles and cores

Technologic Category	N°
Pebble with 1 removal	35
Core draft	3
Pebble with 2/3 unifacial removals	19
Pebble with 2/3 bifacial removals	11
Partial core	2
Pebble with + 4 unifacial removals	1
Pebble with + 4 bifacial Removals	1
1 surface core	12
2 surfaces core	1
Total	85

The % of retouched flakes and the low percentage incidence of non cortical blanks can suggest two hypotheses:

a) The final technical products of the reduction sequence have been transported out of the site and therefore we can think about a raw material gathering site;

b) the whole technical production is represented in the lithic assemblage (suggesting that the low percentage incidence of non cortical blanks should be considered as one of the technical objectives achieved during the reduction sequence).

We suggest that the first hypothesis should be considered more suitable.

Flakes would be produced mostly to obtain functional edges to cut or scrape, but without the need of retouch. A

Tab. 6.5 – Metrical relations between worked pebbles and cores

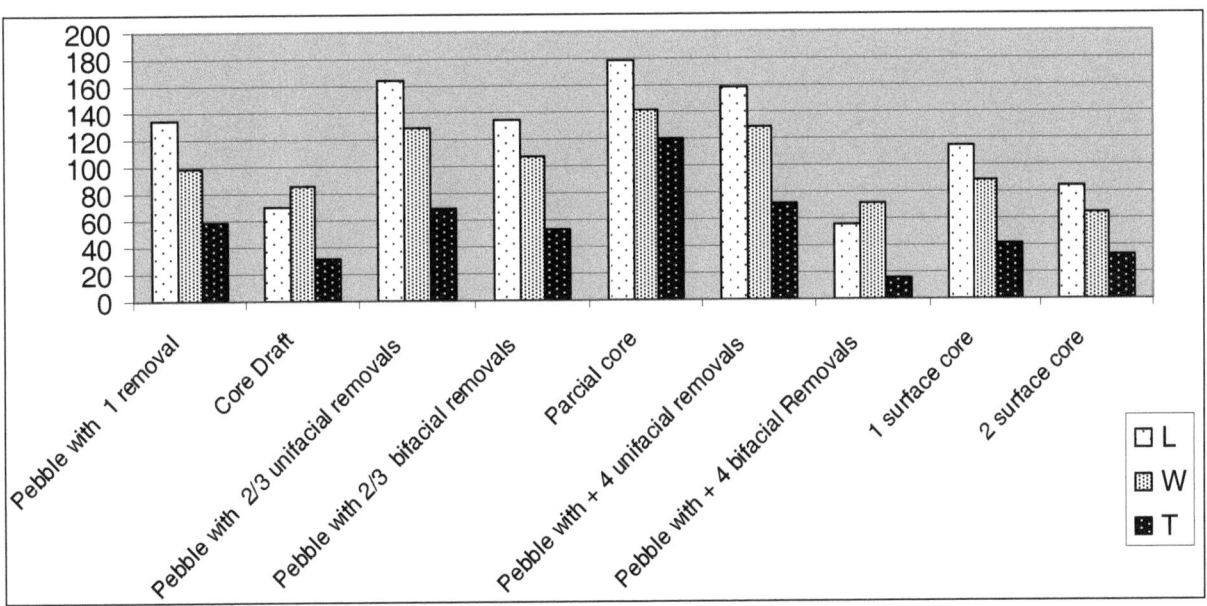

Tab. 6.6 – Flakes

Technological Category	N°
Cortical flake	99
Flake with> 50% of cortex	22
Flake with >50% of lateral cortex	27
Flake with 20%<>50% of distal cortex	11
Flake with 20% <> 50% of lateral	31
Flake with> 20% of cortex	48
"Debordant" flake	15
flake "outrepassé"	3
Non cortical flake	17
Total	273

The predominance of denticulates or notches among the retouched blanks might show the need of more invasive retouches. The considerable presence of small retouched pebbles could confirm this behaviour (instead of retouching flakes, they retouched small pebbles where the flake production is not possible)

The metrical relations between the different technological flake categories shows us a Length/Width ratio of almost 1 and a dimensional uniformity of about 5-7 cms. Here we can raise several hypotheses:

a) Technical achievement

b) Raw material constraint

c) A combination of hypotheses 1 and 2?

General Remarks

The presented study identifies a major reduction sequence which aims the standardised production of cortical and half cortical flakes. This reduction sequence is quite simple – a unidirectional and unifacial debitage. We can recognize among the other cores a centripetal, and even

possible explanation for this behaviour could be due to the resistance of the intersection between lower and upper cortical edges of a flake (the undergoing experimental studies so far confirm this fact).

Tab. 6.7 – "Retouched" implements frequencies

Technologic Categories	Blank Categories				
	Ret. Flake	Ret. Artifact	Und. Artifact	Ret. Fragment	Total
Pebble		14			14
Pebble with 1 removal		18			18
Core Draft					
Cortical flake	50				50
Flake with >50% of cortex	10				10
Flake with >50% of lateral cortex	11				11
Pebble with 2/3 unifacial removals					
Pebble with 2/3 bifacial removals					
Parcial Core					
Flake with 20%<>50% of distal cortex	5				5
Flake with 20%<>50% of lateral	8				8
Pebble with + 4 unifacial removals		1			1
Pebble with + 4 bifacial Removals					
1 surface core					
2 surface core					
Flake >20% of cortex	5	1			6
"Debordant" flake	3				3
Overcrossed flake	1				1
Predetermining flake	1				1
Predetermined flake	4				4
Predetermining/ned flake	1				1
Other fragment		4	12	7	23
Total	99	38	12	7	156

Tab. 6.8 – Metrical relations between flakes

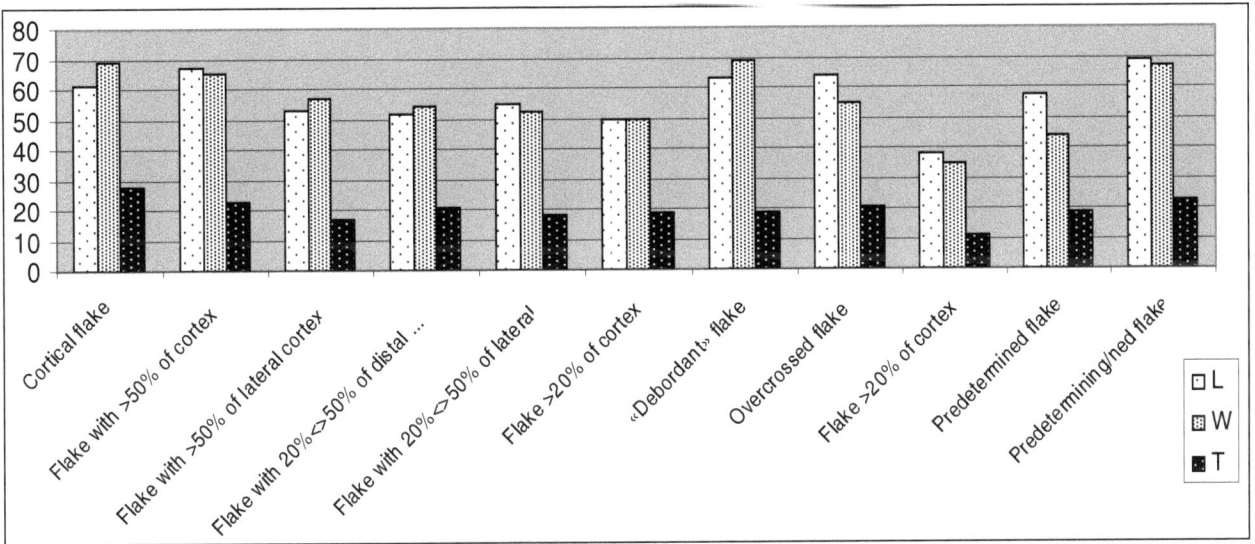

discoide debitage, always unifacial, more seldom we distinguish a multifacial debitage

The worked pebble removals rarely present more than four removals. Therefore we have a simple and expeditive debitage of blanks that nevertheless present striking equilibrated dimensions. Indeed, this is a pointed advantage of fluvial quartzite pebbles that is profiting from the natural morfo-volumetry of this raw material; it's possible to obtain series of regular cortical and half cortical blanks (Meireles & Cunha-Ribeiro, 1991, Cura, 2002). Furthermore, the raw material is largely available in the site surroundings. Nevertheless, we think that these advantages don't mask technical choices attached to functional needs to which correspond an expedite and simple blank production. Here we ask: where these blanks multifunctional or the activities developed in the site where not specialized?

The technological flakes frequencies and variability undoubtedly show us that the non cortical ones are outnumbered. As stated above, this fact considered together with the low quantity of removals per pebble and core allows the hypothesis that the main debitage cores and final blanks where transported out of the site, being then the reduction sequence incomplete. However even if we are conscious that the excavation area has to be enlarged and more implements have to be analysed, so far, considering also the Fonte da Moita site assemblage and functional studies, technologically we have strong evidences that the mentioned reduction sequence is complete in the site. Consequently the main technical goals where achieved.

Finally we remark that apart from the notches and denticulates, the retouched blanks at Ribeira da Ponte da Pedra rarely represent typical tools. Actually the so far identified retouches are quite marginal and variable in its location and position.

CONCLUSIONS

After the typological and technological study, even though preliminary, it's seems to be evident the predominance of a primary goal: the production of large cutting edges, instead of a precise projection of debitage and *façonage* concepts.

In fact, even if technologically the blank production is quite simple, apparently unorganised, these present quite equilibrated morphologies and dimensions. We face then a massive production of blanks, probably multifunctional and certainly attached to the exploitation of organic and food resources (see Lemorini, 2001, for the weartraces identified in a similar site – Fonte da Moita).

Concerning both Fonte da Moita (Grimaldi *et al*, 1999) and Ribeira da Atalaia we can't say that we have the «typical» Acheulean pointed to be dominant in all Tagus Valley during the middle Pleistocene, being this one characterized by its cleavers and bifaces variability (Raposo, 1993).

Even when we take in consideration the thousand of surface implements collected in the High Ribatejo region, these artefacts are rare (Grimaldi *et al*, 1998). Obviously such absence vs presence question has to be deepened by further research, always taking a behavioural approach into consideration, instead of a typological one.

Acknowledgments

Authors wish to thank all the team working in this archaeological site, namely Luiz Oosterbeek, Pierluigi Rosina, José Gomes and Pedro Cura. We are also grateful to Susana Silvério for the english review of the paper.

References

CORRAL, I., (1998) Depositos Cuaternarios en el área de Constância-Barquinha-Entroncamento y la Rib. del Bezelga. In: Cruz, Oosterbeek, Pena dos Reis (coord.) *Quaternário e Pré-História do Alto Ribatejo (Portugal)*, Tomar, Arkeos 4, CEIPHAR, 59-144.

CUNHA, P.P., MARTINS, A.A., HUOT, S., MURRAY, A., RAPOSO, L. (2008) Dating the Tejo River lower terraces in the Ródão area (Portugal) to assess the role of tectonics and uplift. In: *Geomorphology*, 102, p. 43-54.

CURA, S. (2002) Matière première et variabilité technologique au Paléolithique Moyen Portugais: L'exemple du site Sapateiros 2 (Baixo Alentejo, Portugal), non published DEA thesis, Université Paris I Panthéon-Sorbonne.

GRIMALDI S. ROSINA P., CORRAL FERNANDEZ I. (1998) Interpretazione geo-archeologica di alcune industrie litiche "Languedocensi" del medio bacino del Tejo (Alto Ribatejo – Portogallo). In: Cruz A.R., Oosterbeek L., Pena Dos Reis R. (coord.) *Quaternário e Pré-História do Alto Ribatejo (Portugal)*, Arkeos 4, Tomar: CEIPHAR, p. 145-226.

GRIMALDI S., ROSINA P., BOTON F. (1999) A behavioural perspective on "archaic" lithic morphologies in Portugal. The case of Fonte da Moita open-air site. In: *Journal of Iberian Archaeology*, vol. 1, Porto, p. 33-57.

GRIMALDI S. & ROSINA P. (2001) O Pleistoceno Médio final no Alto Ribatejo (Portugal Central): o sítio da Ribeira da Ponte da Pedra. In: Cruz A.R., Oosterbeek L. (coord.), *Santa Cita e o Quaternário da Região*, Tomar: Arkeos 11, CEIPHAR, p.89-116.

LEMORINI, C., GRIMALDI, S., ROSINA, P. (2001) Observações funcionais e tecnológicas num habitat paleolítico: Fonte da Moita (Portugal). In: Cruz A.R., Oosterbeek L. (coord.), *Santa Cita e o Quaternário da Região*, Tomar: Arkeos 11, CEIPHAR – p.117-140.

MARKS, A.E., K. MONIGAL, V.P. CHABAI, J.-PH. BRUGAL, P. GOLDBERG, B. HOCKETT, E. PEMAN, M. ELORZA, AND C. MALLOL (2002) Excavations at the Middle Pleistocene Cave Site of Galeria Pesada, Portuguese Estremadura: 1997-1999. In: *O Arqueólogo Português,* Série IV, 20, p. 7-38.

MEIRELES, J., CUNHA-RIBEIRO, J.P. (1991-92) Matérias-primas e indústrias líticas do Paleolítico Inferior português: representatividade e significado in *Cadernos de Arqueologia*, Série II. p. 31 – 41.

PRUDÊNCIO M.I., CARDOSO G., DIAS M.I., FRANCO D., ROSINA P., OOSTERBEEK L., CURA S., GRIMALDI S., *in press.* Luminescence dating of a fluvial deposit sequence: Ribeira da Ponte da Pedra – Middle Tagus Valley, Portugal. In: M.I. Prudêncio, M.I. Dias, G. Cardoso (eds.), *Luminescence Dating Techniques – A User's Perspective,* Oxford, BAR Publishing, BAR International Series, UISPP.

RAPOSO, L, SALVADOR, M. et PEREIRA, J.P. (1993b) O Acheulense no Vale do Tejo, em território português. In: *Arqueologia & História*, Série X, Vol.3, p. 3-29.

RAPOSO, L. & SANTOJA, M. (1996) The earliest occupation of Europe: the Iberian Peninsula. In: *The earliest occupation of Europe,* Will Roebroeks et Thijs van Kolfschoten (eds), University of Leiden, p.7-25.

ROSINA, P., (2002) Stratigraphie et géomorphologie des terrasses fluviatiles de la moyenne Vallée du Tage (Haut Ribatejo, Portugal). In: *Territórios, mobilidade e povoamento no Alto-Ribatejo. IV: Contextos macrolíticos* (coord. A.R. Cruz, L. Oosterbeek), Arkeos 13, Tomar: CEIPHAR, p. 11-52.

ROSINA, P. (2004) *I depositi quaternari nella Media Valle del Tago (Alto Ribatejo, Portogallo centrale) e le industrie litiche associate.* PhD Thesis, University of Ferrara, 204 p.